Dr. Eberhard J. Wormer

STAMM ZELLEN

LINGEN VERLAG

In dem wissenschaftlich-ärztlichen Bemühen, Behandlungsprinzipien zu optimieren, hat sich jüngst weltweit eine faszinierende konzeptionelle und methodische Initiative entwickelt, die unter der Bezeichnung „Stammzellenforschung" das Interesse der klinisch-praktischen Medizin und der Öffentlichkeit gefunden hat. Angesichts der vielschichtigen Resonanz und des zweifellos bestehenden Informationsbedarfs gegenüber dieser Thematik erschien es der Lingen-Stiftung, Köln, wünschenswert, über die Prinzipien der Stammzellenforschung fachlich und sachlich in verständlicher Form aufzuklären.

Die zugrunde liegenden Vorgänge lassen sich aus den Kenntnissen über die Vererbung und Fortpflanzung ableiten. Stammzellen sind körpereigene Zellen, die durch eine hohe Entwicklungsfähigkeit gekennzeichnet sind. In Abhängigkeit von ihrer embryonalen Entwicklungsstufe können sie verschiedene Differenzierungsgrade aufweisen und damit im Organismus als Quelle regeneratorischer

Professor Dr. Werner Kaufmann
Em. Direktor der Medizinischen Klinik II
und der Poliklinik der Universität zu Köln
Wissenschaftlicher Beirat der Lingen-Stiftung

Vorgänge dienen. Stammzellen kommen in einer großen Anzahl von Organgeweben vor; offensichtlich sind sie an spontanen Heilungsvorgängen beteiligt. Die dabei ablaufenden Regenerationsmechanismen sind gegenwärtig Gegenstand intensiver Forschungsaktivitäten.

Stammzellen lassen sich problemlos aus dem Knochenmark gewinnen. Die Transplantation von Knochenmark wird bei Blutkrankheiten bereits seit langem mit Erfolg praktiziert. Der therapeutische Einsatz körpereigener Stammzellen bei Immunkrankheiten und selbst beim Herzinfarkt wird gegenwärtig in verschiedenen Zentren überprüft.

Von der Allgemeinheit als spektakulär empfunden wird die Tatsache, dass Stammzellen auch experimentell hergestellt werden können. Sie sind bei der künstlichen Befruchtung als Nebenprodukt verfügbar und könnten theoretisch als Quelle eines exogenen reparativen Zellersatzes dienen. Während die Behandlung mit autologem Knochenmark über das Prinzip der Therapiefreiheit problemlos realisiert werden kann, ist die Herstellung von Stammzellen aus (überzähligen) Embryonen international in unterschiedlich strenge Rechtssysteme eingebettet, wobei das in Deutschland geltende Embryonenschutzgesetz, das dem Embryo bereits unmittelbar nach der Befruchtung Menschenwürde zuerkennt, als besonders restriktiv anzusehen ist. Entsprechendes gilt für das so genannte therapeutische Klonen, mit dessen Hilfe Stammzellen in entkernten Eizellen produziert werden können.

Die innerhalb Europas bestehenden Rechtsauffassungen zur Stammzellenforschung werden vermutlich in Zukunft im Europa-Parlament eine Angleichung erfahren, so dass sowohl für die Grundlagenforschung als auch für die klinische Auswertung Leitlinien etabliert werden, die medizinischen Fortschritten nicht entgegenstehen.

Die künftige Entwicklung wird zeigen, ob sich die an die Stammzellenforschung geknüpften Hoffnungen erfüllen werden. Eine auf der Basis unserer ethischen Wertvorstellungen zu leistende Pionierarbeit ist zweifellos erforderlich, um sowohl positive als auch negative Perspektiven aufzuzeigen. Bei den künftigen Entscheidungen, ob das Machbare sinnvoll ist, wird individuell die Garantenpflicht des Arztes zu fordern sein.

Das von Herrn Dr. Wormer verfasste Manuskript entspricht den von der Lingen-Stiftung vorgegebenen Zielvorstellungen. Bei der Bearbeitung hat er sich dankenswerterweise der kritischen Mitarbeit renommierter Fachwissenschaftler versichert, so dass eine besonders kompetente, verständliche und einmalig illustrierte Charakterisierung der verschiedenen Stammzellentypen einschließlich ihrer Zukunftsperspektiven entstanden ist.

Die Lingen-Stiftung wünscht dem Buch eine weite Verbreitung. Möge es zu einer fruchtbaren Diskussion zwischen Ärzten, Juristen, Philosophen, Theologen und unseren Bürgern beitragen.

Stammzellforschung – warum wir sie brauchen!

Forschung lebt immer vom Neuen und Unerwarteten. Bei dem bisherigen Stand des Wissens ist das Forschungsgebiet der Stammzellen besonders geeignet, den Erkenntnisfortschritt zu fördern und die Differenzierung, Transdifferenzierung, Rückdifferenzierung von Zellen besser zu verstehen. Es besteht offensichtlich ein Kontinuum von der totipotenten Stammzelle bis hin zur adulten und voll ausdifferenzierten Körperzelle über die verschiedenen Stadien der Pluri- und Multipotenz. Das Dolly-Verfahren hat gezeigt, dass adulte Körperzellen wieder in einen embryonalen Zustand zurückgeführt werden können. Diese Mechanismen zu verstehen und für die Therapie zu entwickeln, ist das vorrangige Ziel der Stammzellforschung.

Im Grunde geht es bei der Debatte der Zulässigkeit von Stammzellforschung und gezielter Zellvermehrung um noch grundsätz-

Prof. Dr. Detlev Ganten
Wissenschaftlicher Stiftungsvorstand des Max-Delbrück-Centrum für Molekulare Medizin (MDC) Berlin-Buch
Universitätsklinikum Benjamin Franklin der Freien Universität Berlin

lichere Fragen. Es geht um das Selbstbestimmungsrecht des Einzelnen und die Einstellung der Gesellschaft zu Wissenschaft und Forschung. Eine freie Forschung, die wir alle wollen, lebt zunächst von absoluter Gedankenfreiheit auch bei der Aufstellung von neuen Theorien, eventuell Tabu brechenden Hypothesen und Vorstellungen. Diese werden immer stufenweise erarbeitet: zunächst im wissenschaftlichen, theoretischen und gesellschaftlichen Dialog, dann in der experimentellen Prüfung der Hypothesen, an einfachen Systemen und schließlich zunehmend unter Berücksichtigung der Komplexität. Alle Stufen wissenschaftlicher und gesellschaftlicher Entscheidungen sind eingebunden in unsere Regeln ethischer, finanzieller, projektorientierter und institutioneller Kontrollen. Wissenschaftlicher Fortschritt beruht darauf, dass alte Hypothesen verworfen, neue Hypothesen aufgestellt werden und neue Forschungsrichtungen entstehen.

Die Wissensgesellschaft der Zukunft beruht mehr und mehr auf Ergebnissen der Forschung, die gesellschaftliche, wirtschaftliche und natürlich auch persönliche Konsequenzen zur Folge haben. Forschung macht die Entwicklung der Wissensgesellschaft offen. Eine moderne Gesellschaft muss es aushalten, Bestehendes in Frage zu stellen und persönliche und institutionelle Unsicherheiten zu ertragen. Im Spannungsfeld zwischen der von vielen ersehnten Sicherheit auf der einen Seite und der genauso notwendigen Offenheit zukünftiger Entwicklungen auf der anderen Seite empfinden viele Menschen eine Verunsicherung. Hier ist es eine wichtige Aufgabe aller Bereiche der Gesellschaft und damit auch der Politik, eine Balance zwischen Sicherheitsbedürfnis und Zukunftsoffenheit herzustellen. Die Alternative dazu, nämlich auf Basis einer generellen Missbrauchsvermutung durch enge präventive Grenzziehungen, durch Autoritäten, Institutionen und Gesetze, die Forschungsfreiheit und Zukunftsfähigkeit mehr als unbedingt geboten einzuengen, ist einer mutigen, selbstbewussten, offenen Demokratie nicht angemessen. Wir müssen die Wissenschaft verstehen, um Chancen und Risiken wirklich einschätzen zu können. Dazu bedarf es nicht der vorauseilenden Vermeidung vermeintlichen Unglücks, sondern der Förderung der Forschung und Prüfung der medizinischen Möglichkeiten. Dies gilt auch und besonders für die Forschung an Stammzellen. Das vorliegende Buch ist eine gute und leicht verständliche Grundlage für die Vorbereitung auf dieses wichtige Thema.

Es gibt wenige wissenschaftliche Fragen, die unsere Gesellschaft zwischen Mittagstisch, Feuilleton und Bundestag so sehr bewegt haben wie die der Stammzellen. Aber der Eindruck angesichts der vorübergehenden Allgegenwart des Themas trügt: Die Stammzelldebatte ist nur zum geringsten Teil eine solche über die Stammzellen an sich gewesen, und vor allem war sie keine forschungspolitische Debatte. Vielmehr hat sich an die Diskussion des Problems, ob und wie Deutschland die Forschung an menschlichen embryonalen Stammzellen zulassen und fördern soll, die Auseinandersetzung über eine der großen Fragen des menschlichen Lebens geknüpft: Welchen Status hat und welchen Schutz genießt das ungeborene menschliche Leben? Diese Debatte war wichtig, aber sie ist mit der Bundestagsentscheidung vom 30. Januar 2002 nicht beendet worden und konnte damit auch gar nicht abgeschlossen

PD Dr. Gerd Kempermann
Forschungsgruppe der VolkswagenStiftung „Neurogene Permissivität"
Neurologische Universitätsklinik der Charité
Humboldt-Universität zu Berlin
Forschungsgruppe „Neuronale Stammzellen"
Max-Delbrück-Centrum für Molekulare Medizin (MDC) Berlin-Buch

werden. Politisches Handeln muss Kompromisse selbst dort suchen und finden, wo „eigentlich“ gar keine Kompromisse möglich sind.
Im Sog dieser großen Frage und fast aller unbefriedigenden „Beantwortungen“ geriet aber aus dem Blickfeld, dass die Stammzellen selbst durchaus eine Debatte ganz anderer, nämlich forschungspolitischer Art wert gewesen wären. Weltweit blieb die Forschung nicht stehen und es zeigte sich, dass auch in Ländern mit liberaler Regelung der Verwendung menschlicher embryonaler Stammzellen in der Wissenschaft der größte Wissenszuwachs bislang nicht durch Forschung an diesen Zellen erfolgte. Das Thema Stammzellen ist viel umfassender, als es dieser eine debattierte Aspekt nahe legt – trotz seiner unbestrittenen wissenschaftlichen, gesellschaftlichen, politischen und juristischen Bedeutung.

Die Stammzellbiologie und die Genomforschung stellen vielmehr die klassische Perspektive in den Lebenswissenschaften auf den Kopf. Ging es in der Forschung immer um das rückblickende Ergründen von Ursachen, so steht bei Stammzell- und Genomforschung vorausblickend das Potenzial, das Mögliche, im Mittelpunkt. Die Information in Gestalt des Genoms, die notwendig ist, damit biologisch etwas wird, und Verkörperung dieser Information in der kleinsten Einheit des Lebens, der (Stamm-) Zelle, sind hier die zentralen Themen.
Die überraschende Einsicht daraus ist, dass unser ganzes Leben ein fortgesetztes Entfalten von Möglichkeiten ist und Entwicklung nie aufhört. Dieser Ansatz ist radikal neu und die Antworten, die man finden wird werden unsere Weltsicht und unser Menschenbild nachhaltig verändern. Wir können uns dem nicht durch Bundestagsdebatten zu Einzelfragen entziehen. Wir alle stehen in der Verantwortung, aus alledem etwas Gutes zu machen.
Dafür ist Wissen Voraussetzung. Nur wer weiß, kann mitreden, weil er das Wichtige vom Unwichtigen trennen kann. Das vorliegende Buch vermittelt viel Wissen. Es versucht aber auch, etwas vom revolutionären Charakter der Stammzellbiologie aufzuzeigen. Dabei wird deutlich, dass es verfehlt wäre, aus vagen Ängsten heraus nur das Problematische in den aktuellen Entwicklungen in der Wissenschaft zu sehen. Wissen kann helfen, ungerechtfertigte Angst zu nehmen, und dennoch eine kritische Sicht zu wahren. Das Buch gibt einen Einblick in ein faszinierendes Forschungsgebiet und lädt ein, eigene Fragen zu stellen. Und Fragen sind ja bekanntlich der Beginn jeder Wissenschaft.

Inhalt

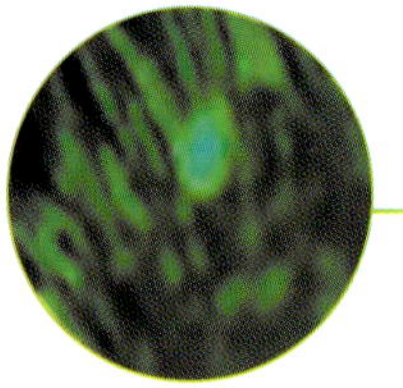

Vorwort 10

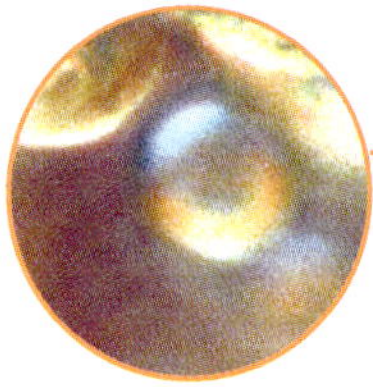

Was sind Stammzellen? 12
- Evolutionäres Reparatursystem 13
- Herkunft der Stammzellen 14

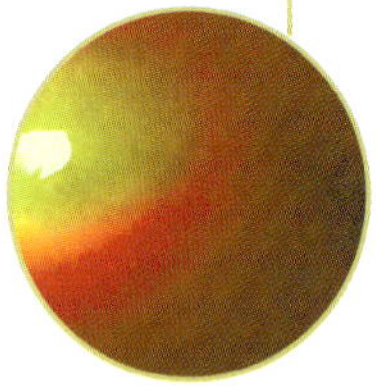

Die Zelle: Grundelement des Lebens 16
- Komponenten und Strukturen 17
- Bauplan des Lebens – DNA, Chromosomen und Gene 19
- Zellteilung und Wachstum – Mitose 23
- Sexualität in Aktion – Meiose 24
- Keimzellen: Eizellen und Samenzellen 26
- Spermienreifung 28
- Eizellenreifung 28
- Befruchtung: Samenzelle trifft Eizelle 30

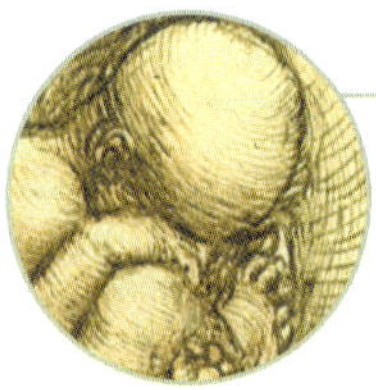

2000 Jahre Embryologie 34
- Magische Menschwerdung 35
- Antike Menschwerdung 36
- Leonardos neue Wirklichkeit 36
- Ovisten und Animalkulisten 37
- Suche nach dem Säugetierei 38
- Klarheit über die Befruchtung 39

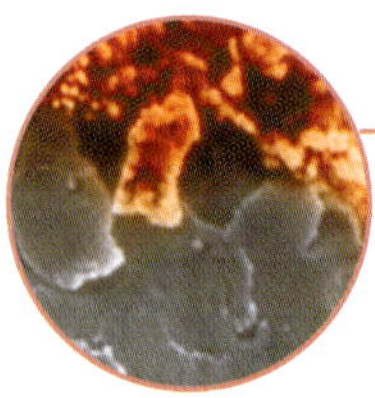

Blastozysten und Embryos 40

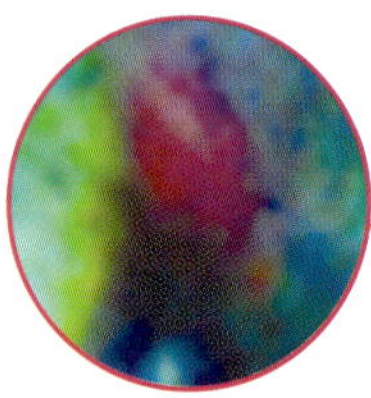

Stammzellenforschung 48
- Experimentelle embryonale Stammzellenforschung 49
- Forschung mit menschlichen embryonalen Stammzellen 50

Embryonale Stammzellen 54

Blastozyste: Zellen mit Pluripotenz 55

Kultivierte embryonale Stammzellen 56

Therapeutische Chancen mit embryonalen Stammzellen 58

Risiken und Probleme mit embryonalen Stammzellen 59

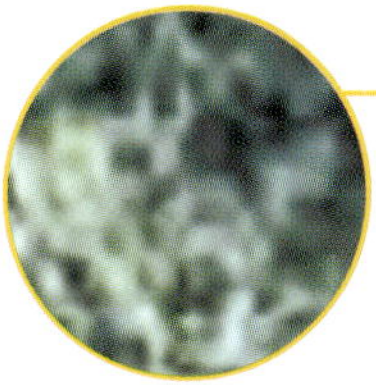

Adulte Stammzellen 62

Plastizität adulter Stammzellen 63

Adulte Stammzellen als Heilmittel? 64

Blut bildendes System: Hämatopoetische Stammzellen 65

Nervensystem: Neurale Stammzellen 66

Mesenchymale Stammzellen 67

Risiken und Probleme mit adulten Stammzellen 68

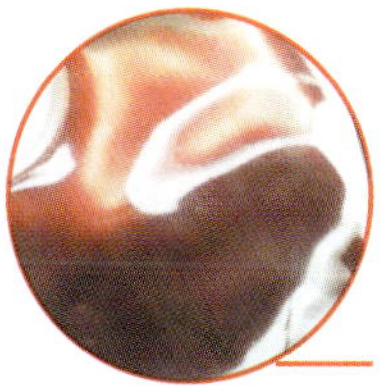

Stichwort Spezial: Stammzellen aus Nabelschnurblut 70

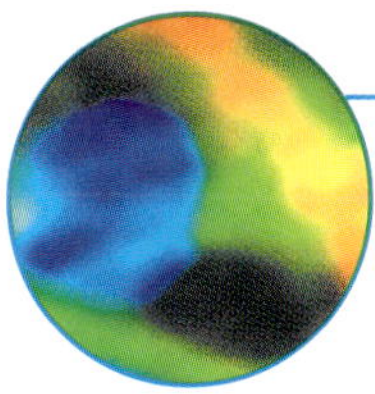

Zukunftsmusik: Therapie mit Stammzellen 72

Regenerative Medizin 73

Organersatz und Gentherapie 75

Stammzellen statt Versuchstiere? 75

Fortschritt durch Forschung 76

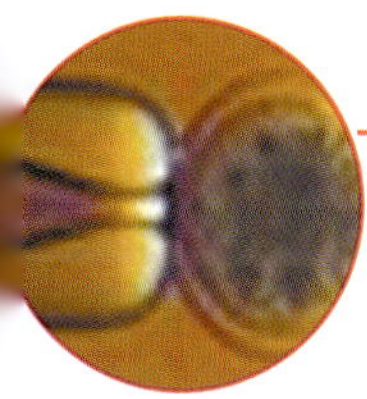

Stichwort Spezial: Therapeutisches Klonen 78

Bioethik und Forscherdrang 82

Theorien, Argumente und Urteile 83

Kontroverse Embryonenforschung 84

Kontroverse Präimplantationsdiagnostik 86

Wissenschaft und Humanität 87

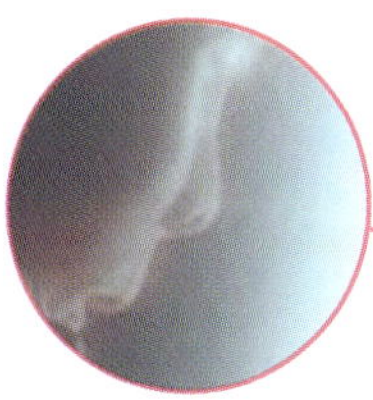

Bildnachweis/ Impressum 90

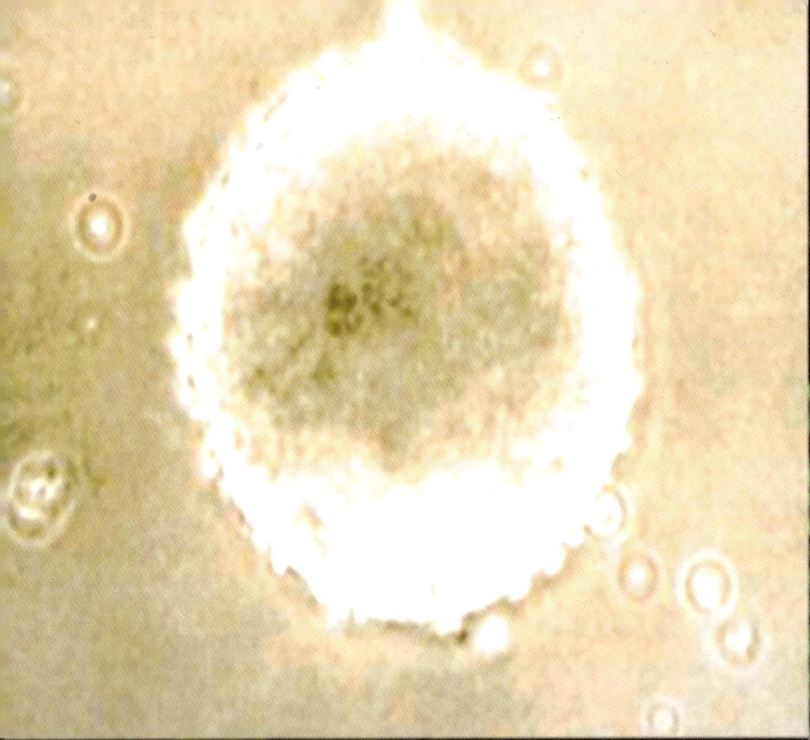

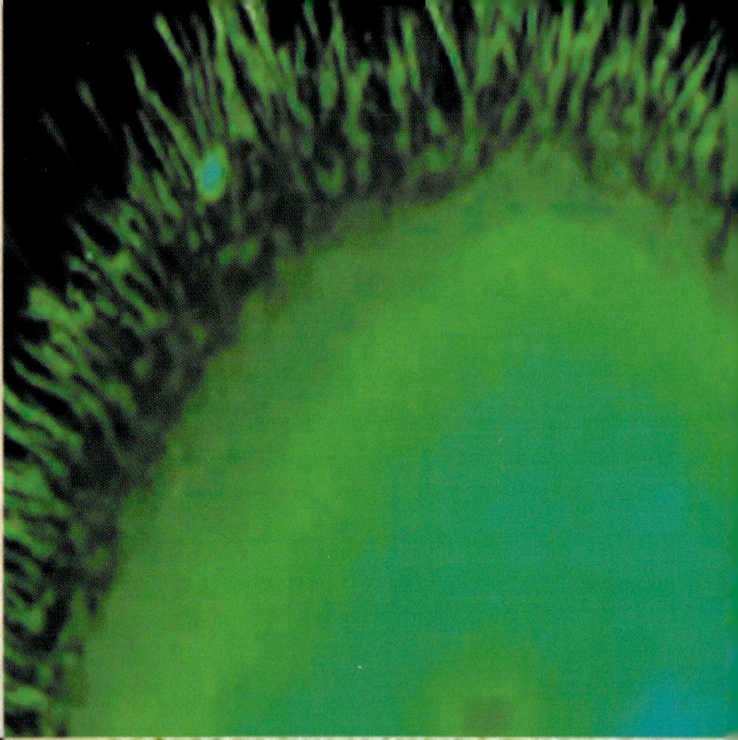

„Noch nie zuvor konnten wir in die Zukunft blicken, bei keinem der vielen Aspekte unseres Lebens. Aber diese neuen Kenntnisse werden es uns im Wesentlichen erlauben, die Wahrscheinlichkeit zukünftiger Entwicklungen vorherzusagen. Und ich glaube, noch niemand hat erfasst, was das wirklich bedeutet."
Alan Trounson, Stammzellenforscher, 1998

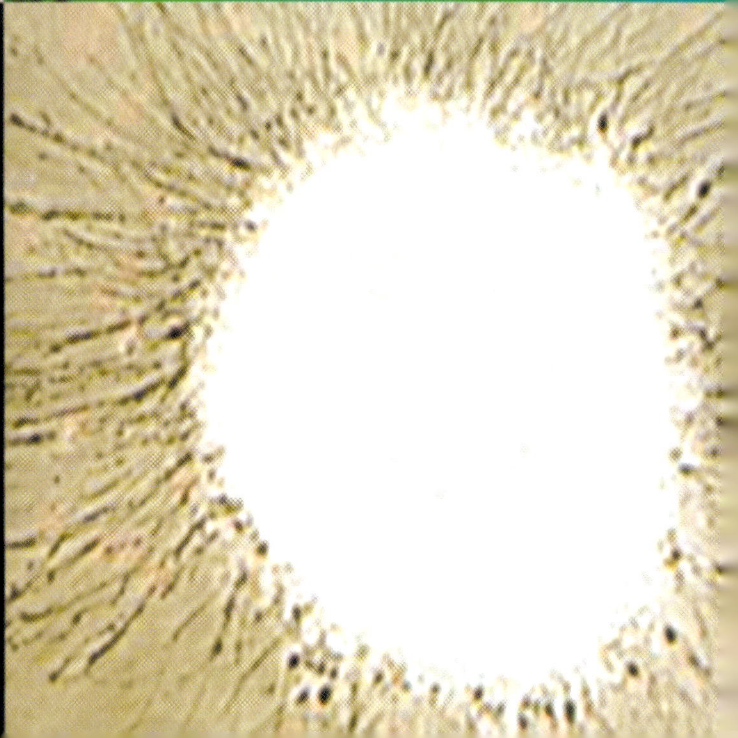

Vorwort

Stammzellen gelten als eines der viel versprechendsten Forschungsgebiete der Gegenwart. Medizin und Wissenschaft setzen große Hoffnungen in die Stammzellenforschung. Bislang unheilbare oder schwer beeinflussbare Erkrankungen, die Millionen von Menschen betreffen, könnten von den Erkenntnissen und therapeutischen Perspektiven der Stammzellenforschung profitieren.
Was sind Stammzellen? Warum ist die Forschung mit Stammzellen für Medizin und Wissenschaft von so großer Bedeutung?
Die wichtigsten Fragen beziehen sich darauf, wie die Entwicklung spezialisierter Körperzellen aus Stammzellen gesteuert wird, welche Faktoren die Embryonalentwicklung beeinflussen und wie gezielt bestimmte Zelltypen oder Gewebe im Labor oder im Körper aus Stammzellen erzeugt werden können. Zell- und Gewebeersatz für therapeutische Zwecke sowie das bessere Verständnis der Entwicklung von der totipotenten bis hin zur ausdifferenzierten Körperzelle sind vorrangig zukünftige Ziele der Stammzellenforschung.
Bevor man sich jedoch den Perspektiven der Stammzellenforschung der Zukunft zuwendet, lohnt sich in jedem Fall ein Blick auf die biologischen Tatsachen, die heute bekannt sind: Grundbestandteile und Grundfunktionen der lebenden Zelle, DNA, Chromosomen und Gene, Zellteilung, Keimzellen und Befruchtung.
Ein in der Regel kaum beachtetes Wissensgebiet ist die Embryologie, die detaillierte Einblicke in die vorgeburtliche Entwicklung von Lebewesen aufzeigen kann. Die Geschichte der Erforschung des vorgeburtlichen Lebens reicht von der griechischen Antike bis zum Klonschaf „Dolly" am Ende des 20. Jahrhunderts. Die Stammzellenforschung selbst ist eine relativ junge wissenschaftliche Errungenschaft der letzten 50 Jahre.
Die aktuelle Forschung konzentriert sich gegenwärtig vor allem auf embryonale und adulte Stammzellen. Hier gibt es viele bemerkenswerte experimentelle Ergebnisse. Parallel dazu findet eine intensive ethische Diskussion über das Pro und Kontra der Stammzellenforschung statt: Unter welchen Bedingungen soll Stammzellenforschung erlaubt sein und unter welchen Bedingungen nicht?
Die vorliegenden Forschungsergebnisse mit Stammzellen weisen tatsächlich auf eine neue Ära der medizinischen Therapie mit Stammzellen hin. Wir stehen heute aber erst am Anfang dieser Entwicklung und es könnte noch viele Jahre dauern, bis Patienten mit schweren Krankheiten auch aus einer Stammzellentherapie Nutzen ziehen werden. Viele Vorgänge der frühen vorgeburtlichen Lebensentstehung und der Funktionen von Stammzellen sind noch unklar oder unbekannt, aber die wissenschaftliche Forschung arbeitet mit enormer Geschwindigkeit – vieles, was vor wenigen Jahrzehnten unvorstellbar war, ist bereits Wirklichkeit geworden und nicht mehr wissenschaftliche Fiktion.

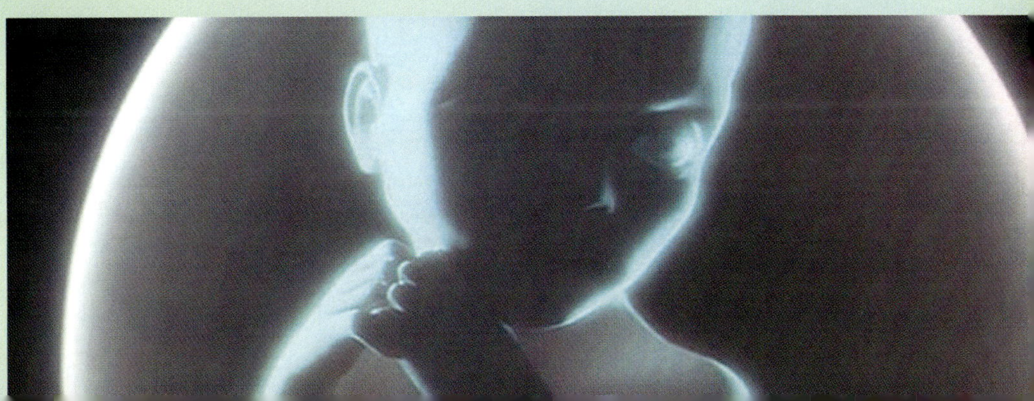

Was sind Stammzellen?

Etwa vier Tage nach der Befruchtung einer Eizelle hat sich eine Blastozyste entwickelt, deren innere Zellmasse (obere Hälfte) embryonale Stammzellen enthält (Embryoblast). Die untere Kugelhälfte ist der Pol (Trophoblast), an dem sich später der Mutterkuchen (Plazenta) bildet. Die Blastozyste ist noch von der schützenden Zona pellucida umgeben, die erst nach der Einnistung in der Gebärmutterschleimhaut (etwa sieben bis acht Tage nach der Befruchtung) abgelegt wird.

Der Organismus des Menschen und aller Säugetiere ist aus einer Vielzahl spezialisierter (differenzierter) Gewebe- und Organsysteme zusammengesetzt. Wenn alle biologischen Funktionen störungsfrei arbeiten, entstehen somit hochkomplexe Lebewesen, die optimal an das Überleben unter veränderlichen Umgebungsbedingungen angepasst sind.

Evolutionäres Reparatursystem

Im Verlauf der Evolution bildeten sich mehr als 200 unterschiedliche Zelltypen als Grundbausteine der verschiedenen Gewebe und Organe des Menschen aus. Es stellte sich jedoch nicht nur die evolutionsbiologische Frage, wie diese Gewebe und Organe erzeugt, sondern auch wie sie wirksam erhalten werden können. Eine Antwort der Evolution ist ein System von Stammzellen zur Neubildung (Regeneration) bzw. Erhaltung von Geweben. Gemeinsame Merkmale aller Stammzellen sind ihre Vermehrungsfähigkeit und ihr Differenzierungspotenzial:

- Selbsterneuerung: Stammzellen können (unbegrenzt) neue Stammzellen bilden.
- Differenzierung: Stammzellen können einzelne oder mehrere unterschiedliche Zelltypen mit speziellen Funktionen und Eigenschaften hervorbringen.

Stammzellen können als „unreife" Zellen mit unterschiedlichem Entwicklungspotenzial betrachtet werden. So genannte „Vorläuferzellen" sind Stammzellen mit eingeschränktem Potenzial. Sie entwickeln sich nur noch zu Zelltypen, die einem bestimmten Organsystem (etwa verschiedene Blutzellen) zugehörig sind. Körperzellen sind „reife" (somatische oder adulte) Zellen ohne Entwicklungspotenzial. Reife Körperzellen haben in Geweben häufig nur eine begrenzte Lebensdauer, sterben dann ab und müssen ersetzt werden, damit die Leistungsfähigkeit von Organen und Geweben erhalten bleibt.

Bei Säugetieren wurden unterschiedliche Stammzellensysteme beobachtet: regenerative (Blut, Haut, Darm), eingeschränkt regenerative (Knochen, Leber) und bislang als nicht-regenerativ geltende Systeme (Gehirn, Herz). Die Fähigkeit zur Selbsterneuerung und Differenzierung befähigt Stammzellen dazu, verbrauchte Körperzellen zu ersetzen und Gewebeschäden zu reparieren. Dieses Potenzial ist ein wesentlicher Grund für das große Interesse von Medizin und Wissenschaft. Darüber hinaus scheinen sich manche Stammzellen auch in Zelltypen

Der türkische Gecko trennt sich, wie viele Eidechsenarten, im Bedrohungsfall von seinem Schwanz und kann seinem Feind so entkommen. Der Schwanz wächst später komplett nach.

Blastozyste
Ein Embryo während des etwa 4. bis 7. Tages der Entwicklung. Die Blastozyste besteht aus einer äußeren Zellgruppe, aus der sich die Plazentaanteile entwickeln (Trophoblast), und der inneren Zellmasse, aus der sich der Fetus entwickeln wird (Embryoblast).

Keimzelle
Geschlechtszelle eines Organismus (Eizelle, Samenzelle). Reife Keimzellen enthalten die Chromosomen in einfacher Kopie (haploider Chromosomensatz).

Klonen, Klonierung
Kopieren und identisches (ungeschlechtliches) Vermehren von Organismen. Wird im Zusammenhang mit Molekülen, Zellen, Geweben, Pflanzen (Ableger), Tieren und Menschen verwendet. Klone sind genetisch identische Kopien von Lebewesen.

Zygote
Befruchtete Eizelle, entsteht aus der Fusion einer männlichen und einer weiblichen Keimzelle. Durch mitotische Teilung entsteht ein zweizelliger Embryo.

differenzieren zu können, die nicht ihrem vorgesehenen Gewebetyp, von dem sie abstammen, entsprechen. Diese noch unbewiesene plastische Fähigkeit wird in der Wissenschaft sehr kontrovers diskutiert und als „Transdifferenzierung" bezeichnet.

Herkunft der Stammzellen

Menschliche Stammzellen unterschiedlicher Herkunft sind beschrieben worden:

- Embryonale Stammzellen kommen in frühen Embryonalstadien vor. Bis zu einer gewissen Entwicklungsstufe, vom Zygoten- bis zum 8- bis16-Zellenstadium (bis maximal 36 Stunden nach der Befruchtung), sind sie wahrscheinlich totipotent, das heißt, aus jeder embryonalen Stammzelle kann ein kompletter Embryo bzw. ein vollständiges menschliches Individuum entstehen. Am 4. und 5. Tag der Embryonalentwicklung sind Stammzellen, die als Zellhaufen (innere Zellmasse) im Inneren der hohlkugelförmigen „Blastozyste" liegen, nur noch pluripotent. Mit großer Wahrscheinlichkeit können sich embryonale Stammzellen dieses Entwicklungsstadiums zu allen Zelltypen des Körpers, aber nicht mehr zu einem ganzen Individuum entwickeln.
- Adulte (somatische) Stammzellen sind undifferenzierte Zellen mit Entwicklungspotenzial (Multipotenz), die in bereits voll ausgebildetem (differenziertem) Körpergewebe vorkommen können. Sie fertigen lebenslang identische Kopien von sich selbst an und versorgen auf diese Weise verschiedene Organe und Gewebe mit dem benötigten speziellen Zellmaterial. Adulte Stammzellen sind im Knochenmark, im Nabelschnurblut Neugeborener, im Blut, im Auge, im Gehirn, im Skelettmuskel, in der Leber, in der Haut, in der Darmschleimhaut und in der Bauchspeicheldrüse nachgewiesen worden. Es gibt Hinweise auf sehr seltene pluripotente Zellpopulationen im erwachsenen Knochenmark und Gehirn. Auch die zur Zeit intensiv untersuchte Frage, ob multipotente Stammzellen „transdifferenzieren" können, dehnt den Begriff der Multipotenz.

Eidechsen, wie der in Afrika und Asien heimische Agamas, verfügen noch über eine außerordentliche Regenerationsfähigkeit.

Im Knochenmark, aber auch im Nabelschnurblut werden Stammzellen des Blutsystems (hämatopoetische Stammzellen) gefunden sowie Stammzellen mesenchymaler Gewebe (Knorpel-, Knochen-, Muskel-, Sehnen- und Fettzellen).

- Fetale Stammzellen sind primitive Zelltypen des Fetus (ab der 9. Schwangerschaftswoche). Bislang sind nur wenige solcher Zelltypen beschrieben worden: neurale (Nervengewebe) und hämatopoetische (Blutsystem) Stammzellen sowie Vorläuferzellen der Insulin bildenden Zellen in der Bauchspeicheldrüse. Die Forschung steht hier noch am Anfang. Stammzellen können auch aus fetalen Keimzellen gewonnen werden, in der Regel aus Embryonen oder Feten nach einem Schwangerschaftsabbruch. Fetale Keimzellen stammen aus den Vorläuferzellen von Ei- und Samenzellen (primordiale Keimzellen) des späten Embryonal- oder frühen Fetalstadiums (5. bis 11. Schwangerschaftswoche). Zur Vermehrungs- und Entwicklungsfähigkeit menschlicher fetaler Keimzellen gibt es noch keine genauen Erkenntnisse. Das Differenzierungspotenzial fetaler Stammzellen liegt vermutlich zwischen dem Potenzial embryonaler und adulter Stammzellen.

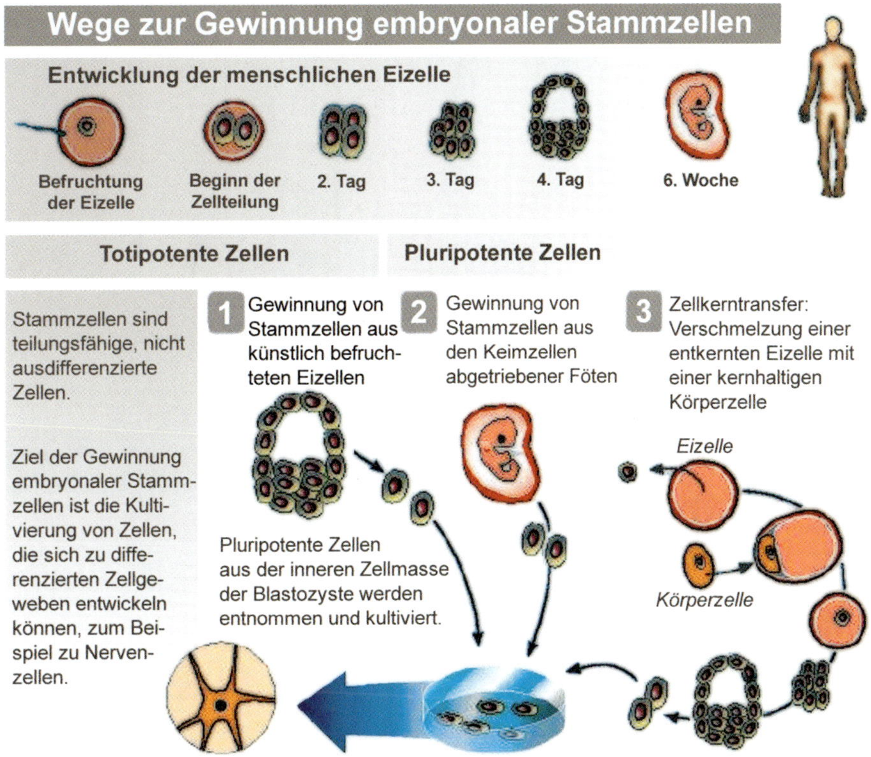

Auch mit Klonierungsverfahren können Stammzellen gewonnen werden, etwa durch Zellkerntransfer: Aus einer Körperzelle wird ein Zellkern entnommen und in eine entkernte Eizelle implantiert. Auf diese Weise entsteht ein klonierter Embryo mit identischer Erbinformation des Zellkernspenders. Ein so erzeugter Embryo enthält in seiner frühen Entwicklungsphase totipotente und pluripotente Stammzellen mit allen Vermehrungs- und Differenzierungseigenschaften. Klonierung ist sehr aufwändig und teuer sowie mit unabsehbaren Risiken behaftet. Reproduktives Klonen, die Erzeugung menschlicher Klone, wird gegenwärtig weltweit mehrheitlich abgelehnt. Therapeutisches Klonen, das heißt Gewinnung von Stammzellen für spätere Behandlungszwecke ist allerdings unter bestimmten Bedingungen in manchen Ländern erlaubt.

Die Zelle:
Grundelement des Lebens_

Die kleinste und hochkomplexe Funktionseinheit aller lebenden Organismen ist die Zelle. Biologisch werden zwei verschiedene Arten lebender Zellen unterschieden: so genannte „Prokaryoten", dazu gehören etwa Bakterien mit einfacher Zellstruktur und im gesamten Zellkörper verteilter Erbinformation (in Form von Desoxyribonukleinsäure bzw. DNS, engl. DNA), und die „Eukaryoten", deren Hauptkennzeichen eine eigene Kernhülle für die DNA inmitten der Zellsubstanz (Zytoplasma) ist. Einzeller, Pilze und alle Tiere sind eukaryotische Lebewesen. Der Unterschied in der Funktionalität beider Zellarten ist jedoch erheblich: Betrachtet man eine prokaryotische Zelle beispielsweise als Taschenrechner, so wäre die eukaryotische Zelle im Vergleich dazu ein Supercomputer!

Komponenten und Strukturen

Eine eukaryotische Zelle präsentiert sich unter dem Lichtmikroskop bei entsprechender Anfärbung mit einem Kern, der von Zytoplasma innerhalb der Zellmembran umgeben ist (natürlich ist die Zelle nicht flach, sondern ein dreidimensionales Gebilde). Das auf den ersten Blick so einheitlich erscheinende Zytoplasma ist tatsächlich äußerst kompliziert gebaut und dicht strukturiert. Verfeinerte mikroskopische und biochemische Techniken haben nach und nach die unterschiedlichsten Bestandteile der Zelle erkennbar gemacht, etwa Eiweißkomponenten und zelluläre „Organellen".

Zellmembran. Die gesamte Zelle wird von einer Membran umschlossen, die zahlreiche wichtige Funktionen übernimmt: Sie schützt das Zellinnere, stabilisiert die Form der Zelle, übernimmt mit Hilfe spezieller Andockstellen (Rezeptoren) die Kommunikation mit benachbarten Zellen, regelt die Aufnahme und Abgabe von Stoffen, ist an Zellteilung und -wachstum beteiligt und gewährleistet durch ihre Zu-

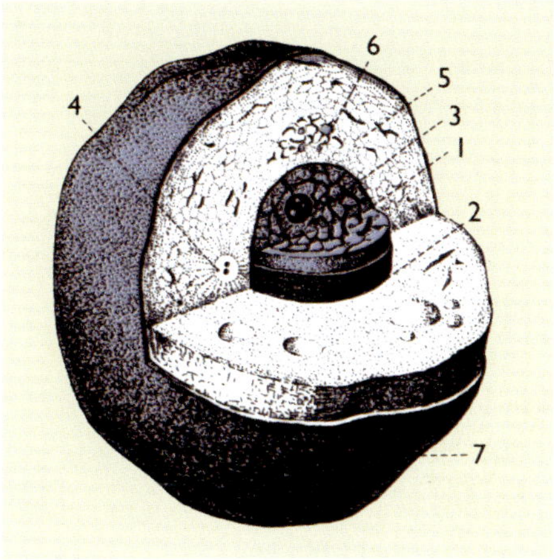

Dreidimensionale schematische Darstellung einer Zelle mit Zellkern (1), Kernmembran (2), Kernkörperchen (3), Diplosom (4), Zellplasma mit Mitochondrien (5), Golgi-Apparat (6) und Zellmembran (7)

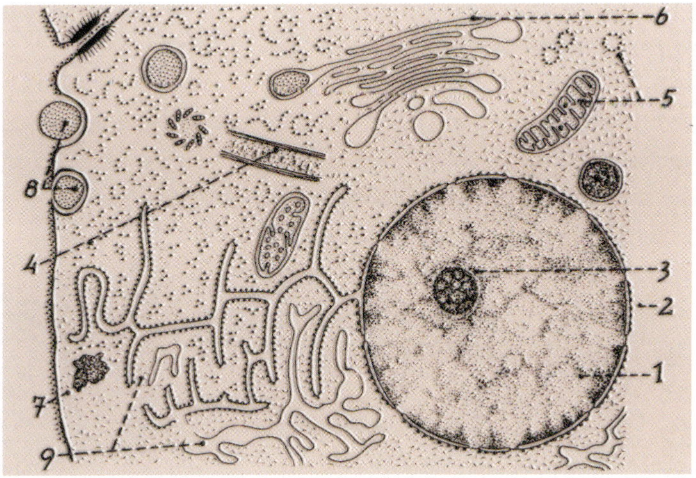

Zweidimensionale schematische Darstellung einer Zelle mit Zellkern (1), Kernmembran (2), Kernkörperchen (3), Diplosom (4), Zellplasma mit Mitochondrien (5), Golgi-Apparat (6), Zellmembran (7), Aufnahme von Stoffen durch die Zellmembran (8) und endoplasmatischem Retikulum (9)

Schematische Darstellung des Golgi-Apparats mit Anschluss an das endoplasmatische Retikulum (oben): Zellorganelle, die für wichtige Stoffwechselprozesse der Zelle von Bedeutung ist

sammensetzung (Phospholipide, Kohlenhydrate, Eiweiße, Nukleinsäuren, Enzyme) die speziellen Zelleigenschaften.

Zellkern. Der Kern der eukaryotischen Zelle beherbergt Desoxyribonukleinsäure (DNA), in der der genetische Code für alle Lebensvorgänge gespeichert ist. Damit die DNA ungestört arbeiten kann, ist der Zellkern von einer Hülle umgeben. Diese Kernhülle ist ähnlich aufgebaut wie eine weitere Zellorganelle, das so genannte „endoplasmatische Retikulum" (ER). Beide Strukturen besitzen spezifische Transportsysteme und Rezeptoren. Die Abgrenzung vom Zytoplasma sorgt dafür, dass nur bestimmte Stoffe in den Kern hinein- und wieder herausgelangen können. Der Kern der Zelle verfügt darüber hinaus noch über ein Kernkörperchen (Nukleolus), das Ribosomen produziert.

Zytoplasma. Unter dem Lichtmikroskop erscheint das Zytoplasma unstrukturiert. Bei höherer Vergrößerung werden das Zytoskelett und die vielfach gefalteten Membranen des endoplasmatischen Retikulums sichtbar. Elektronenmikroskopisch können unzählige Strukturen mit sehr unterschiedlichen Funktionen in der scheinbar so gleichförmigen Zelle erkannt werden. Das faserhaltige Zytoskelett stabilisiert nicht nur die Zellform, ermöglicht etwa bei Muskelzellen die Bewegung und hält auch zahlreiche weitere Zellbestandteile und Organellen an Ort und Stelle. Das endoplasmatische Retikulum grenzt den Kernbereich vom übrigen Zytoplasma ab, kontrolliert den Fluss der Informationen in der Zelle: Manche Botenstoffe dürfen die Membranschranken passieren, andere nicht.

Die drei wichtigsten Organellen des Zytoplasmas der tierischen Zelle sind die Ribosomen, der Golgi-Apparat und die Mitochondrien.

- Ribosomen bestehen aus Ribonukleinsäure (RNS, engl. RNA), dem Zucker Ribose und Eiweißen. Ribosomen fügen nach den Vorgaben der Kern-DNA neue Bausteine (Aminosäuren) zusammen. So genannte Boten-RNA (messenger RNA, mRNA) wird für einen Zwischenschritt der Informationsübertragung gebraucht und Transfer-RNA (tRNA) ergänzt die Aminosäuren-Bausteine an der länger werdenden Eiweißkette.
- Der Golgi-Apparat ist nach dem italienischen Arzt Camillo Golgi benannt, der 1898 erstmals diese Zellorganelle beobachtet hatte: eine Struktur vielfach gefalteter Membranen, die bei geeigneter mikroskopischer Vergrößerung wie ein Stapel Pfannkuchen aussehen und als „Stoffwechselfabrik" der Zelle bezeichnet werden könnte.
- Das Mitochondrium gilt allgemein als das „Kraftwerk" der Zelle, das Nährstoffe verarbeiten

Schematische Darstellung eines Mitochondriums, die „Energiefabrik" der Zelle. Die im Inneren gefalteten Membranen des Mitochondriums sind deutlich zu erkennen.

und Energie produzieren kann. Mitochondrien sind im gesamten Zytoplasma vorhanden, besonders reichlich in der Eizelle, die den Embryo im Frühstadium mit Energie versorgen muss. Das Mitochondrium enthält wie der Chloroplast der prokaryotischen Zelle, der mit dem Pigment Chlorophyll unter Sonnenlichteinfluss Energie produzieren kann, seine eigene DNA (16.569 Basenpaare). In der Wissenschaft wird heute übereinstimmend angenommen, dass sich vor etwa zwei Milliarden Jahren ein frei lebendes Bakterium mit einer eukaryotischen Zelle zusammengeschlossen haben muss. Deshalb gleicht die DNA des Mitochondriums eher bakterieller DNA als der DNA einer tierischen Zelle.

Etwa drei Prozent der gesamten DNA einer Zelle sind im Mitochondrium enthalten und die Zellkern-DNA kontrolliert in der Regel die mitochondriale DNA. Tatsächlich verursachen auch Mutationen der Mitochondrien-DNA Krankheiten, die aber nur durch die Mutter vererbt werden können, da bei der Befruchtung der Eizelle nur der Kopf des Spermiums ohne den Schwanz, der die väterlichen Mitochondrien enthält, die Eizellmembran durchdringt und deshalb alle Mitochondrien des Embryos von der Mutter abstammen.

Bauplan des Lebens – DNA, Chromosomen und Gene

Wie kann aus einer einzigen Zelle ein so komplexes Lebewesen wie der Mensch entstehen? Die Antwort darauf findet sich in der wichtigsten Struktur des Zellkerns, der DNA. Der Augustinerprior Gregor Mendel (1822 bis 1884) aus Brünn erkannte mit Hilfe von Kreuzungsexperimenten bei Pflanzen die Grundlagen der Vererbung: Es musste „Faktoren" geben, die die Weitergabe von individuellen Merkmalen auf die nächsten Generationen bestimmen – diese Faktoren werden heute „Gene" genannt.

DNA. Unabhängig von Mendel stieß der Schweizer Biochemiker Johann Friedrich Miescher bereits im Jahr 1869 in Tübingen durch Untersuchung von Eiterzellen auf die DNA des Zellkerns, die er „Nuklein" nannte (1889 von Richard Altmann in „Nukleinsäure" umbenannt). Allerdings glaubten die Biologen des frühen 20. Jahrhunderts nicht so recht daran, dass diese einfache Nukleinsäure mit der genetischen Vielfalt von Lebewesen in Verbindung stehen könnte. Erst nach 1940 wurde von amerikanischen Wissenschaftlern eindeutig nachgewiesen, dass DNA genetischer Grundstoff ist, und Biochemiker klärten die chemische Struktur

Der Augustinerprior Gregor Mendel (1822 bis 1884) entwickelte in klösterlicher Abgeschiedenheit durch Beobachtung ein zukunftsweisendes Konzept der Vererbung von Merkmalen („Mendelsche Gesetze"). Er gilt als Begründer der klassischen Genetik, deren molekulare Grundlagen erst Jahrzehnte später aufgedeckt werden konnten.

der DNA. James Watson und Francis Crick fügten 1953 alle Einzelerkenntnisse zu dem berühmten Gesamtbild der „Doppelhelix" zusammen: DNA ist der stoffliche Träger der genetischen Information, die den „Bauplan" jedes Lebewesens enthalten muss.

- Biochemisch ist DNA eine doppelsträngige Nukleinsäure (das „A" steht für engl.

Ausschnitt aus der Karte eines Chromosoms

acid = Säure), zusammengesetzt aus lückenlosen Ketten (Polymer) von Grundkomponenten, den Nukleotiden. Jedes Nukleotid enthält eine Phosphatgruppe, einen Zucker (Desoxyribose) und eine von vier Basen: Adenin (A), Cytosin (C), Guanin (G) und Thymin (T).

- Bei einzelsträngiger Ribonukleinsäure (RNA) ist Desoxyribose durch Ribose und Thymin durch Uracil (U) ersetzt.

Die organischen Verbindungen Adenin und Guanin gehören zur Klasse der Purine bzw. Cytosin und Thymin zu den Pyrimidinen. Das DNA-Molekül besteht aus zwei gegenläufigen Nukleotidketten, die wie ein Reißverschluss verzahnt sind: Die Basen liegen innen und die Phosphat-Zucker-Gruppen als „Rückgrat" außen. Dabei „verzahnen" sich nur jeweils komplementäre, gegenüberliegende Basenpaare: Adenin paart sich nur mit Thymin und Guanin nur mit Cytosin.

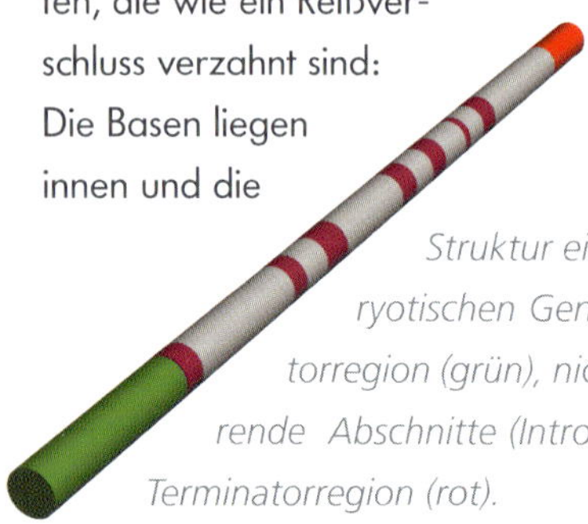

Struktur eines eukaryotischen Gens: Promotorregion (grün), nicht-kodierende Abschnitte (Introns, grau), Terminatorregion (rot).

Die Reihenfolge, mit der diese Basenpaarungen im DNA-Molekül auftreten, entspricht einem „Code", mit dem Zellen jedes von einem Lebewesen potenziell benötigte Protein (Eiweiß) herstellen können – im Prinzip unendlich viele! Und Proteine können aus einer beliebigen Kombination von etwa zwanzig Amino-säuren-Bausteinen, deren Verkettung gleichfalls beliebig lang sein kann, produziert werden: Organ- und Körpergewebe sind genauso wie Enzyme und Hormone aus Eiweißen aufgebaut. Nur wenn das DNA-Riesenmolekül ausgebreitet im Zellkern liegt, kann es aktiv die Herstellung von Proteinen oder die Selbstverdoppelung steuern.

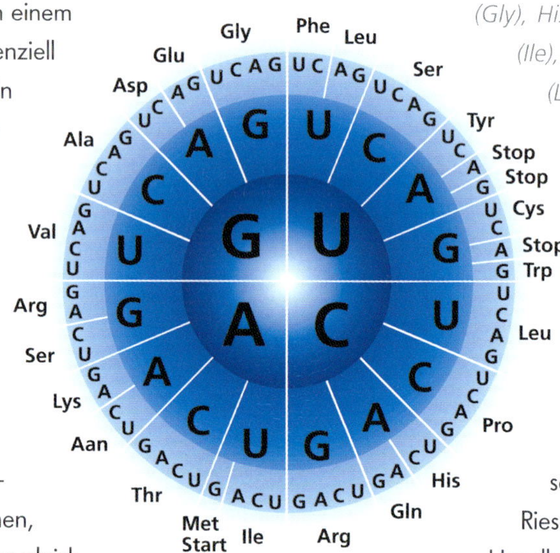

Die jeweils für eine Aminosäure kodierende Basensequenz liest man von innen nach außen (A = Adenin, C = Cytosin, G = Guanin, T = Thymin, U = Uracil). Am äußersten Ring stehen die Abkürzungen der Aminosäuren: Alanin (Ala), Arginin (Arg), Asparagin (Aan), Aspartatsäure (Asp), Cystein (Cys), Glutaminsäure (Glu), Glutamin (Gln) Glycin (Gly), Histidin (His), Isoleucin (Ile), Leucin (Leu), Lysin (Lys), Methionin (Met), Phenylalanin (Phe), Prolin (Pro), Serin (Ser), Threonin (Thr), Tryptophan (Trp), Tyrosin (Tyr), Valin (Val).

Gene. Gene sind kodierende Abschnitte eines DNA-Riesenmoleküls, die die „Handlungsanweisung" für eine bestimmte Zellfunktion, beispielsweise die für ein bestimmtes Eiweiß erforderliche Reihenfolge zu produzierender Aminosäuren enthalten. Die Gesamtheit aller Gene auf der DNA wird „Genom" genannt, das beim Menschen etwa 3,4 Milliarden Basenpaare enthält. Nach Abschluss der ersten Phase der Se-

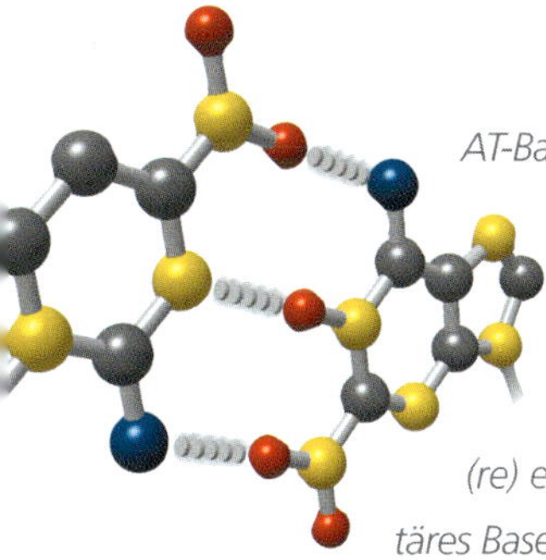

AT-Basenpaar: In der DNA bilden die Basen Thymin (li) und Adenin (re) ein komplementäres Basenpaar.

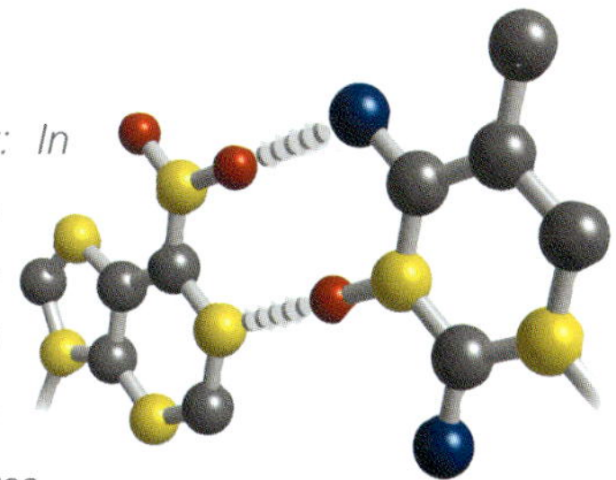

GC-Basenpaar: In der DNA bilden die Basen Cytosin (li) und Guanin (re) ein komplementäres Basenpaar.

quenzierung („Entschlüsselung") des menschlichen Genoms im Jahr 2001 zeigte sich, dass das menschliche Genom tatsächlich viel weniger kodierende Abschnitte (Gene) aufweist als ursprünglich geschätzt: Etwa 30.000 bis 40.000 Gene stehen einer einhundert- bis eintausendfachen nicht-kodierenden DNA-Menge gegenüber – möglicherweise enthalten nur fünf Prozent jedes DNA-Riesenmoleküls „biologisch sinnvollen" Code.

Chromosomen. Steht eine Zellteilung bevor, beginnt sich das DNA-Riesenmolekül stärker zu verdrillen, bis es als Chromosom auch im Lichtmikroskop sichtbar wird. Jedes Chromosom besteht aus nur einem einzigen DNA-Doppelstrang-Riesenmolekül, das kunstvoll um Stützproteine (so genannte „Histone") herumgewickelt ist. Um einen Histonpartikel gewundene Doppelstrang-DNA wird als „Nukleosom" bezeichnet, DNA und Stützproteine zusammen als „Chromatin".

DNA-Replikation: Bei der Verdoppelung der DNA wird diese enzymatisch aufgetrennt. An die freien Basen lagern sich die komplementären Bausteine an. Es entstehen zwei identische Kopien (semikonservative Replikation).

In der Regel enthält jede Körperzelle einen vollständigen Chromosomensatz bzw. ein vollständiges Genom. Ausnahme ist beim Menschen etwa das rote Blutkörperchen, das weder einen Zellkern noch Mitochondrien oder endoplasmatisches Retikulum besitzt.

Im Chromosom liegt DNA „kondensiert" vor und man erkennt an jedem Chromosom einen kurzen (p) und einen langen (q) Arm, getrennt durch eine Verengung (Zentromer). Die Chromosomenenden werden als „Telomer" bezeichnet.

Sich geschlechtlich fortpflanzende Spezies wie der Mensch verfügen über zwei Arten von Chromosomen: 22 Autosomen sowie die beiden Geschlechtschromosomen X oder Y. Da die DNA Farbstoffe bindet,

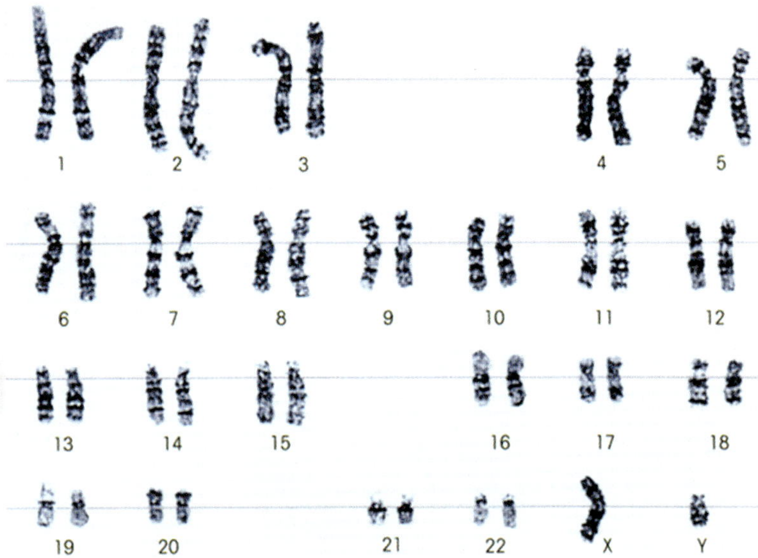

Vollständiger doppelter (diploider) Chromosomensatz eines Mannes, als Karyogramm dargestellt: Chromosom 1 bis 22 sowie X- und Y-Chromosom

DNA-Extraktion: Unter UV-Licht wird DNA aus einem Agarose-Gel ausgeschnitten.

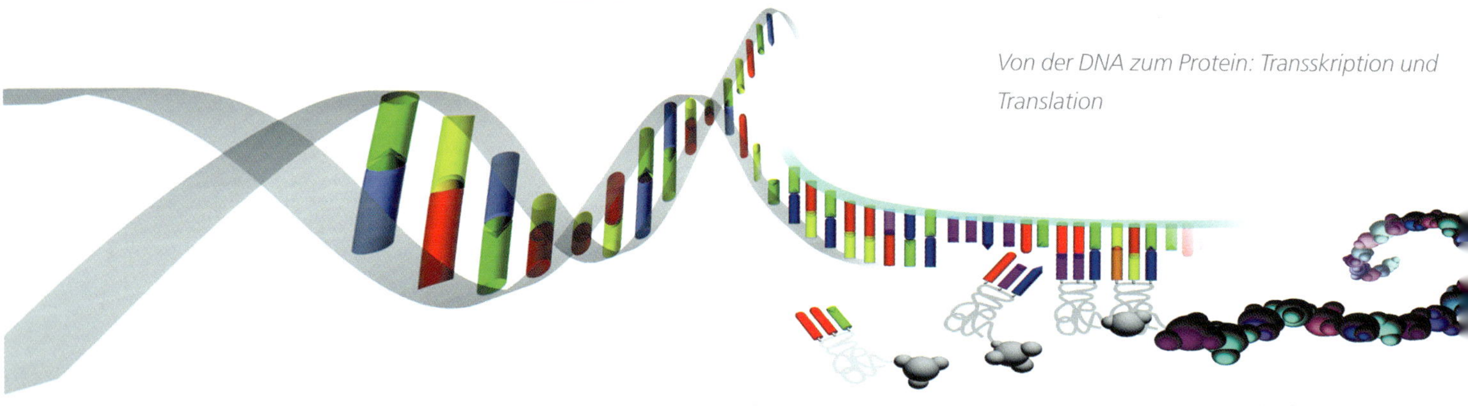

Von der DNA zum Protein: Transskription und Translation

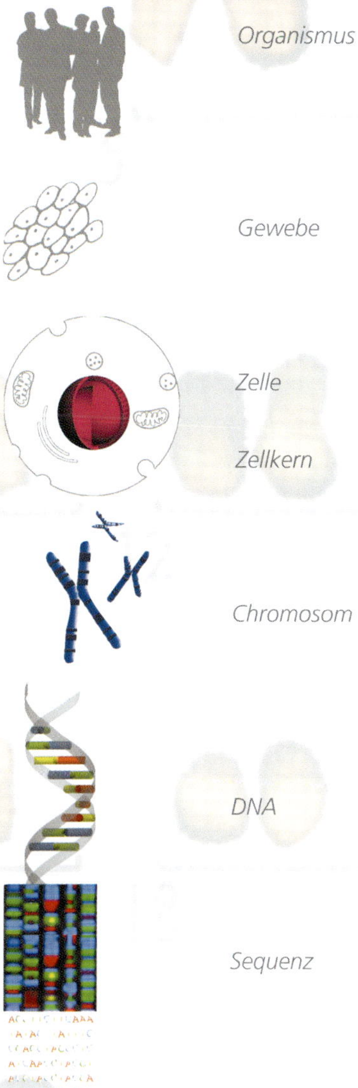

Schematische Darstellung des Zusammenhangs von Organismus, Zelle und DNA-Sequenz

erhielten die Chromosomen, schon bevor ihre genaue Struktur bekannt war, ihren aus dem Griechischen abgeleiteten Namen („Farbkörper"). Jede Art Lebewesen hat eine charakteristische einfach (haploid) vorliegende Anzahl solcher Chromosomen. Die Chromosomen sind aber meist in doppelter Zahl (diploider Chromosomensatz) vorhanden. Der haploide Chromosomensatz des Menschen weist 23, der diploide Chromosomensatz 46 Chromosomen auf – Schimpansen verfügen über zweimal 24 (also 48) und Schafe über zweimal 27 (also 54) Chromosomen in jeder Körperzelle. Die jeweilige Anzahl der Chromosomen wirkt auch als Barriere der Fortpflanzung über Artgrenzen hinweg.

Zellteilung und Wachstum – Mitose

Bereits Gregor Mendel vermutete, dass die Erbanlagen bei der Bildung neuer Körperzellen (bei der Zellteilung) konstant bleiben müssen und dass die (genetische) Verteilung der Merkmale (auf den Chromosomen) den von ihm gefundenen Gesetzen folgt. Die Teilung des Zellkerns wird „Mitose" genannt und ist mit der Teilung einer Zelle verbunden, nach deren Abschluss zwei Zellen mit in der Regel diploiden Chromosomen entstanden sind. Als „Zellzyklus" bezeichnet man den Zeitraum zwischen zwei Zellteilungen, der verschiedene Phasen umfasst: die aktive Synthese- (S-Phase) und Mitose-Phase (M-Phase), jeweils unterbrochen von zwei „Gap"-Phasen (G1- bzw. G2-Phase).

Soll eine Zellteilung stattfinden, wird kein diploider, sondern ein vervierfachter (tetraploider) Chromosomensatz benötigt. Die beiden neu entstehenden Zellen müssen ja wieder jeweils 46 Chromosomen besitzen. Während der S-Phase haben sich die DNA-Riesenmoleküle deshalb unsichtbar verdoppelt – für eine gewisse Zeit verfügt jede Zelle demnach über vier funktionelle Chromosomensätze!

Mit Hilfe eines standardisierten Zellteilungprozesses können Körpergewebe aus diploiden Zellen gebildet werden, die eine

diploid

Körperzellen besitzen einen doppelten Chromosomensatz (etwa der Mensch 2 x 23 Chromosomen). Ein Chromosomensatz stammt von der Mutter, der andere vom Vater.

haploid

Haploide Zellen besitzen den halben Chromosomensatz (etwa der Mensch: 23 Chromosomen, Keimzelle).

tetraploid

Tetraploide Zellen besitzen den vierfachen Chromosomensatz (etwa der Mensch: Eizellen bzw. primäre Oozyten).

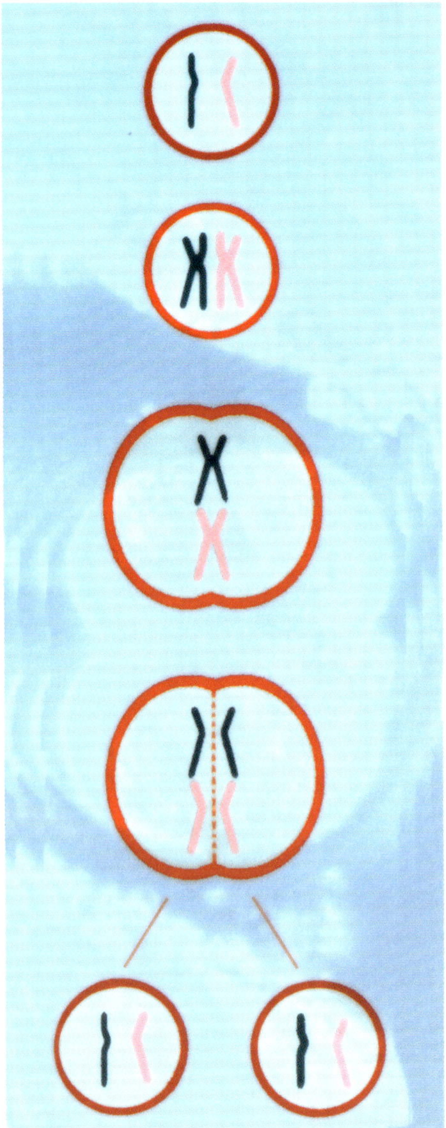
Schematische Darstellung der Mitose

konstante Anzahl von gleichfalls diploiden Chromosomen besitzen. Der Prozess der Zellteilung vollzieht sich nach strengen Regeln:

- Prophase. Im ersten Stadium der Zellteilung werden die kondensierten Doppelstruktur-Chromosomen im Zellkern sichtbar. Jedes einzelne am Zentromer verbundene Chromosom wird jetzt als „Chromatid" bezeichnet. Im Zytoplasma bilden sich Strukturen, die wie zwei aufgefächerte „Zeltstangen" (Spindelapparat) aussehen und deren spitze Enden (Pole) sich im Zytoplasma gegenüberstehen.
- Prometaphase. Die Kernhülle löst sich langsam auf und die Chromosomen scheinen frei im Zytoplasma zu liegen.
- Metaphase. Die Doppelstruktur-Chromosomen ordnen sich in Reih und Glied in einer Ebene (Äquatorialebene) an und die Zentromere verbinden sich mit den Proteinfäden des Spindelapparates.
- Anaphase. Plötzlich trennen sich die Chromatiden-Partner an den Zentromeren jedes Chromosomenpaars und bewegen sich rasch in Richtung der Pole – gezogen vom Spindelapparat und geschoben von Proteinstrukturen zwischen den sich entfernenden Chromatidensätzen. An jedem Zellpol befindet sich nun ein vollständiger (diploider) Chromatidensatz.
- Telophase. Abschließend bildet sich um die Chromosomensätze an beiden Zellpolen jeweils wieder eine Kernhülle. Die Chromosomen beginnen zu dekondensieren und starten mit der Proteinproduktion und Selbstverdoppelung (Replikation) während der so genannten „Interphase".

Nach erfolgreicher Mitose setzt die Teilung des Zytoplasmas durch einen Furchungsprozess etwa in der Mitte zwischen den beiden neuen Kernen ein. Die Zellmembran wird so lange eingezogen, bis sich beide Seiten berühren und zwei abgegrenzte Zellen mit Zellkern entstanden sind. Die beiden Tochterzellen sind genetisch identisch und weisen etwa die gleiche Menge Zytoplasma mit entsprechenden Komponenten (Mitochondrien, Ribosomen, endoplasmatisches Retikulum) auf.

Sexualität in Aktion – Meiose

Die geschlechtliche Fortpflanzung bzw. die Mischung genetischer Informationen verschiedener Individuen durch sexuelle Vorgänge hat sich im Verlauf der Evolution von Lebensformen der ungeschlechtlichen Fortpflanzung von Prokaryoten als weit überlegen erwiesen. Im Gegensatz zur Mitose, bei der am Ende der Zellteilung zwei Zellen mit in der Regel identischem diploidem Chromosomensatz existieren, wird bei sexueller Fortpflanzung jeweils eine Zelle mit einem einfachen (haploiden) Chromosomensatz jedes Partners benötigt. Zu diesem Zweck hat die Natur einen besonderen Typ der Zellteilung, die Reifeteilung (Meiose), geschaffen: Durch Meiose werden Keimzellen (Gameten) mit einem haploiden Satz von 23 Chromosomen in der Eizelle (Oozyt) bzw. der Samenzelle (Spermatozyt) gebildet. Biologen beobachteten erstmals 1883 einen haploiden Chromosomensatz, die Einzelheiten der Reifeteilung wurden allerdings erst nach 1930 vollständig aufgeklärt.

- Meiose I. Die erste Reifeteilung dient vor allem der Durchmischung von väterlichem und mütterlichem Genmaterial auf homologen Chromosomen. Zunächst verdoppeln sich die DNA-Riesenmoleküle in der S-Phase. In der Prophase I werden die Chromosomen als vervierfachte Strukturen sichtbar. Väterliche und mütterliche homologe Chromosomen legen sich der Länge nach eng aneinander – vier vollständige Chromatiden haben sich nun gepaart. Dies ist der einzige Augenblick im Leben einer Zelle, wo mit physischem Kontakt der (sonst immer getrennten) homologen Chromosomen ein Austauschvorgang stattfindet. Der Austausch von genetischem Material mit dem homologen Chromosom wird als „Crossingover" bezeichnet und führt zu Chromosomen, die sowohl mütterliches als auch väterliches Erbgut enthalten. In der Metaphase I löst sich dann die Kernhülle auf und in der folgenden Anaphase I wird der Chromosomen-Viersatz durch den Spindelapparat so auseinander gezogen, dass an jedem Zellpol ein gepaarter Chromatidensatz vorliegt – paarweise (diploide) an Zentromeren verbundene vollständige Chromosomensätze sind entstanden. In der Telophase I bildet sich die Kernhülle wieder. Beide Tochterzellen sind in die-

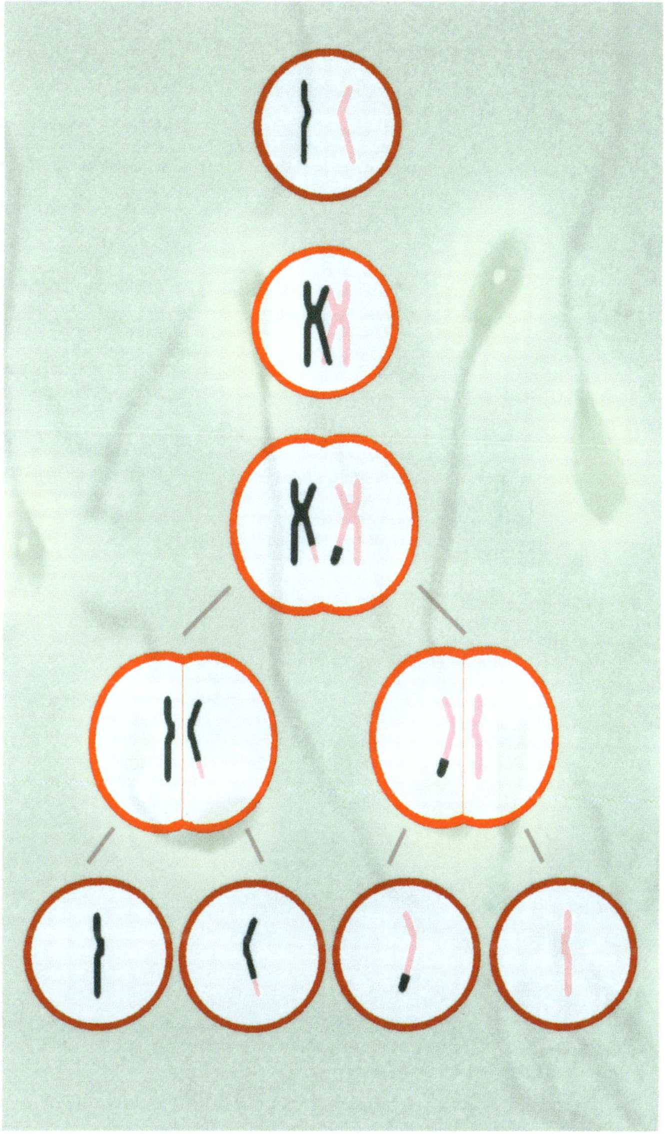

Schematische Darstellung der Reifeteilung (Meiose)

sem Stadium (allerdings genetisch gemischt) noch immer diploid.

- Meiose II. Die zweite Reifeteilung dient der Halbierung (Reduktion) der doppelten Chromosomensätze, damit haploide Keimzellen entstehen können. Nach einer kurzen Interphase dekondensieren die Chromosomen nicht vollständig, sie treten nicht in die S-Phase ein und sie replizieren sich auch nicht. Während der raschen Prophase II löst sich die Kernhülle auf und in der Metaphase II teilen sich die Chromatidenpaare an den Zentromeren. Jedes Chromatid (einzelnes Doppelstruktur-Chromosom) ordnet sich am Spindeläquator an und in der Anaphase II werden die Doppelstruktur-Chromosomen getrennt. An jedem Zellpol befinden sich nun haploide Chromosomensätze, die sich in der Telophase II mit einer Kernhülle umgeben, bevor sich das Zytoplasma teilt. Aus einer Zelle sind am Ende der Reifeteilungen vier haploide Tochterzellen (mit einfachem Chromosomensatz) entstanden.

Trennen sich gepaarte Chromosomen oder gepaarte Partner-Chromosomen während der Reifeteilung nicht voneinander (Non-Disjunction), können Tochterzellen mit zu vielen oder zu wenigen Chromosomen entstehen: Bei Trisomie 21 (Down-Syndrom) mit 47 Chromosomen liegen Zellen mit fehlerhafter Chromosomenzahl vor. Chromosomensätze beim Menschen, die von einem Vielfachen der Zahl 23 abweichen, werden als „Aneuploidie" bezeichnet.

Keimzellen: Eizellen und Samenzellen

Während der Entwicklung von Embryonen aller Wirbeltiere kommt es schon sehr früh zu einer klar definierten Trennung von Zellen, die Geweben zuzuordnen sind (somatische Zellen), und Zellen, aus welchen Keimzellen (Gameten) entstehen sollen – so genannte „Urkeimzellen" (Gonozyten). Es gibt

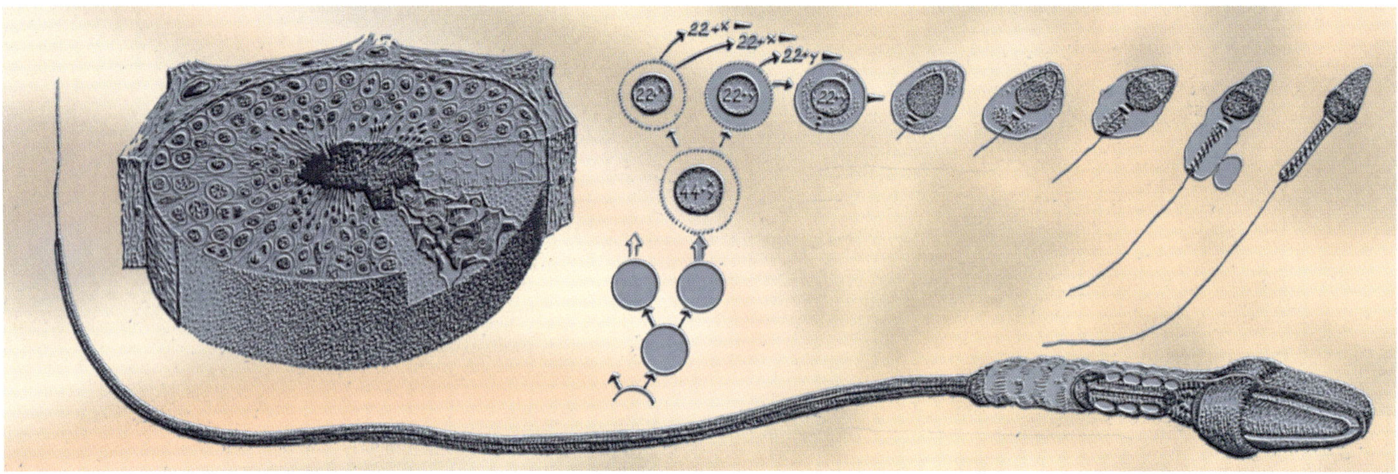

Schematische Darstellung der Samenzellenreifung (Spermatogenese) und der Entwicklung zum voll ausgebildeten Spermatozoon in den Samenkanälchen des Hodengewebes (links). Über die Reifeteilung (Meiose) entstehen Samenzellen mit haploidem Chromosomensatz (22 Chromosomen plus X- oder Y-Chromosom).

Hinweise darauf, dass solche Urkeimzellen beim Menschen bereits im Stadium der embryonalen Blastozyste (etwa vier Tage nach der Befruchtung) existieren. Diese (diploiden) Urkeimzellen wandern während der embryonalen Entwicklung in die Hoden bzw. die Eierstöcke, vermehren sich dort und bilden die so genannte „Keimschicht". Aus den diploiden männlichen Urkeimzellen (Spermatogonien) dieser Schicht entwickeln sich dann die haploiden Spermien (Spermatozoen) bzw. aus diploiden weiblichen Urkeimzellen (Oogonien) die haploiden Eizellen (Oozyten). Sinn und Zweck von Gameten ist die Weitergabe von genetischem Material an die Nachkommen sowie die Versorgung des Keimes mit Nährstoffen, bis das neue Lebewesen selbstständig überlebensfähig ist. Darüber hinaus muss bei sexueller Fortpflanzung ein Gamet den gegengeschlechtlichen Gameten auffinden und mit ihm in Kontakt treten können. Alles hat Vor- und Nachteile: Sind die Gameten groß, können sie viele Nährstoffe für den späteren Embryo transportieren – allerdings nimmt dann mit zunehmender Größe der Keimzellen auch ihre Beweglichkeit ab. Sind die Gameten klein, können sie in großer Zahl produziert werden und mit abnehmender Größe nimmt auch ihre Beweglichkeit zu – allerdings wird dann kaum mehr Platz für Nährstoffe bleiben. Beim Menschen hat der Evolutionsprozess die Vorteile der jeweiligen Fortpflanzungsstrategie auf raffinierte Weise kombiniert: Die Spermien sind sehr klein (60 Mikrometer lang), stromlinienförmig, mit gut beweglichem Schwanzteil ausgestattet, können milliardenfach produziert werden und transportieren kaum mehr als das väterliche Erbmaterial. Im Vergleich dazu sind menschliche Eizellen riesig groß, werden in vergleichsweise nur geringer Zahl produziert, enthalten dafür aber reichlich Nährstoffe und Energievorräte.

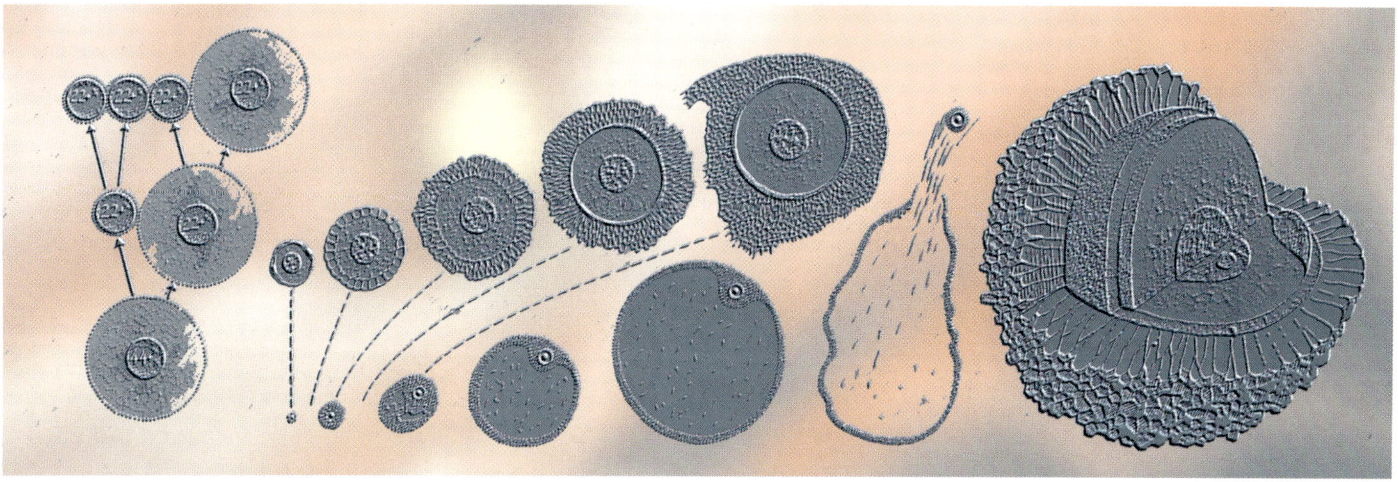

Schematische Darstellung der Eizellenreifung. Linker Bildbereich: Abfolge der Reifeteilungen (Meiose) zur Verminderung des diploiden Chromosomensatzes (46 Chromosomen) zum haploiden Chromosomensatz (23 Chromosomen) der reifen Eizelle. Bildmitte: Entwicklung der Eizelle (oben) analog zur Entwicklung des Graaf-Follikels bis zum Eisprung (unten). Rechter Bildbereich: Reife Eizelle

Spermienreifung

Die Spermienproduktion beginnt nach der Geschlechtsreife (Pubertät) in den Hoden (männliche Keimdrüsen) und setzt sich kontinuierlich während des gesamten Lebens fort. Die Spermatogonien vermehren sich im Hodengewebe und entwickeln sich bis zu primären diploiden Spermatozyten. Nach der Meiose I werden sekundäre diploide Spermatozyten gebildet und nach der Meiose II sind vier haploide Spermatiden entstanden, die sich zu Spermatozoen („Samentierchen") mit Kopf- und Schwanzteil wandeln. Aus jeder diploiden Spermatozyte entstehen durch die Reifeteilung somit vier haploide funktionelle Gameten. Jeden Tag, praktisch bis zum Tod des Mannes werden Milliarden Spermatozoen produziert – allerdings mit abnehmendem Befruchtungsvermögen (Fertilität).

Eizellenreifung

Die Produktion weiblicher Eizellen (Oozyten) beginnt mit mitotischer Vermehrung von – aus Urkeimzellen entstandenen – Oogonien bereits vorgeburtlich (pränatal) im fetalen Eierstock (weibliche Keimdrüsen). Anschließend werden aus etwa sieben Millionen Oogonien primäre Oozyten gebildet, die unmittelbar in die erste Reifeteilung (Meiose I) eintreten. Die Meiose I jeder primären Oozyte wird jedoch in der Prophase I „arretiert". Sobald ausreichend viele solcher „arretierten" Oozyten produziert sind, wird die Eizellenherstellung gestoppt. Der weibliche Fetus von Säugetieren besitzt im letzten Drittel der Tragezeit alle für das spätere Erwachsenenleben zur Verfügung stehenden Eizellen – Mädchen werden mit einem Lebensvorrat von zwei bis drei Millionen primären Oozyten in den Eierstöcken geboren. Während der gebärfähigen Zeit einer Frau entstehen mehrere Tausend primäre Oozyten, von welchen nur einige Hundert weiter ausreifen und den „Eisprung wagen" – es kann demnach bis zu 50 Jahre dauern, bis eine Eizelle alle notwendigen Reifeschritte durchlaufen hat.
Bis zur Pubertät verbleiben diese primären tetraploiden Oozyten in „arretiertem" Zustand. In der Regel schließt beim Menschen immer nur eine Eizelle in jedem Zyklus die Meiose I ab. Sind es ausnahmsweise doch einmal zwei, besteht die Möglichkeit, dass zweieiige Zwillinge entstehen. Die so bevorzugte Eizelle gelangt von Prophase I in die Metaphase II der zweiten Reifeteilung, in der sie wiederum bis zum erfolgreichen Kontakt mit einem Spermium „arretiert" verbleibt (mit in der Äquatorialebene des Zytoplasmas von Spindeln gehaltenen Chromosomen) – und zwar so, dass eine Tochterzelle den gemeinsamen Zytoplasmavorrat ganz für sich beansprucht, zur diploiden sekundären Oozyte wird und die zweite Tochterzelle zu einem kleinen gleichfalls diploiden „Polkörperchen" schrumpft und als „Satellit" unter einer Art gemeinsamer „Eischale", der so genannten „Zona pellucida" Platz findet. Eine Ursache für die lange Phase der „Arretierung" von Eizellen in der Prophase I liegt darin, dass auf Grund des noch vierfachen Chromosomensatzes ein sehr viel größerer Nährstoffvorrat für den Embryo angelegt werden kann: Eine Oozyte enthält in ihrem Zytoplasma im Vergleich zu einer somatischen Körperzelle tausendfach mehr Ribosomen, zweihundertfach mehr RNA, hundertfach mehr Mitochondrien zur Energiegewinnung und sechzigfach mehr Eiweiß sowie Dotter, gespeicherten Zucker (Glykogen) und Fettstoffe. Der Zeitpunkt des Eisprungs aus einem reifen Follikel des Eierstocks markiert einen der kompliziertesten Zustände einer Säugetierzelle. Das Äquivalent zur harten Schale eines Vogeleies ist bei Säugetier-Oozyten die Zona pellucida, die nach dem Eisprung gebildet wird bzw. den sich entwickelnden Embryo bis zu sechs Tage nach der Befruchtung beherbergt. Hat der Embryo das Blastozystenstadium erreicht, muss er aus der Zona pellucida „schlüpfen" (engl. *hatching*), bevor er sich in

Ein 6/100 mm langes Spermium im Anschnitt, das sich noch tief in der Hodendrüse befindet. Im Kopf ist das männliche Erbmaterial untergebracht. Die den Kopf umgebende rote Zone kennzeichnet das so genannte Akrosom, das eine wichtige Aufgabe bei der Durchdringung der Eizellenhülle hat.

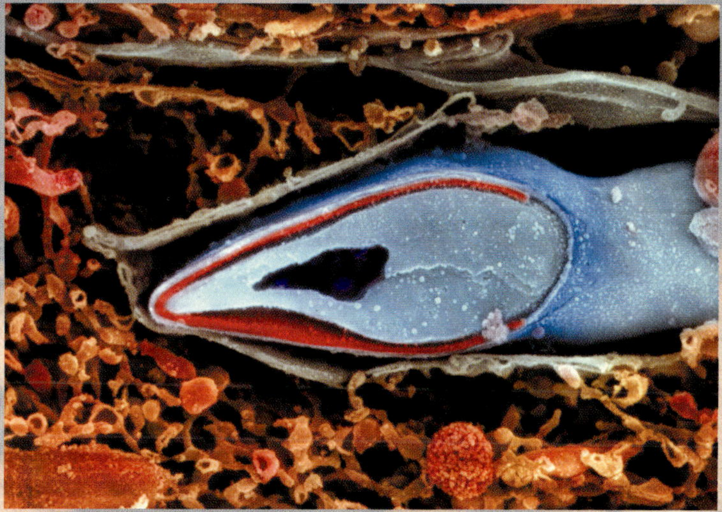

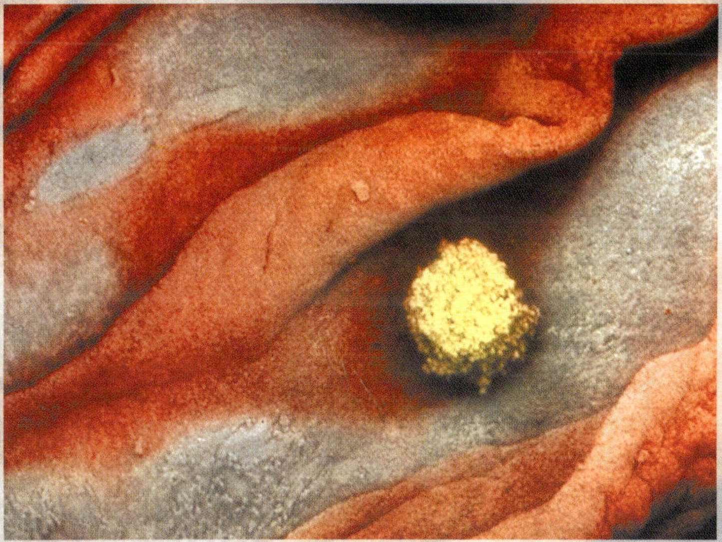

Eizelle nach dem Eisprung im Eileiter

der Gebärmutterschleimhaut einnisten kann. Die Zona pellucida der Oozyte wird aus Kohlenhydraten und Proteinen von der Oozyte selbst sowie von Follikelzellen gebildet. Zwischen der Zona pellucida und der darunter liegenden Eizellenmembran erstreckt sich der „perivitelline Raum" (subzonale Spalte) – dort verbleiben die Polkörperchen. Die Zona pellucida weist eine zähe, plastikartige Konsistenz auf und erfüllt wichtige Aufgaben: Sie verhindert das Eindringen ungeeigneter Spermien, bietet mechanischen Schutz, wirkt formgebend für den frühen Embryo und bewahrt ihn auf seinem Weg vom Eileiter zur Gebärmutter vor Angriffen des mütterlichen Immunsystems.
Nach dem Eisprung bleibt die Eizelle etwa 20 Stunden im Eileiter befruchtungsfähig. Die Reifung der Eizellen in den Follikeln des Eierstocks wird durch das Hormon Östrogen gefördert. Mit dem Eisprung sinkt der Östrogenspiegel ab und das Hormon Progesteron wird vermehrt ausgeschüttet. Die Gebärmutterschleimhaut verdickt sich dadurch und bereitet sich auf die Aufnahme des frühen Embryos vor. Nistet sich kein Embryo ein, schrumpft die Gebärmutterschleimhaut wieder und die Menstruationsblutung setzt ein. Der gesamte Menstruationszyklus, von Eisprung zu Eisprung, dauert bei Frauen in der Regel 28 Tage.

Befruchtung: Samenzelle trifft Eizelle

Um es gleich von Anfang an klarzustellen: Den biologischen Tatsachen zufolge gibt es bei der Befruchtung (Fertilisation) weder eine „Verschmelzung" von Ei- und Samenzelle noch eine „Empfängnis" oder „Konzeption" noch ein einzelliges Embryonalstadium mit väterlich-mütterlich gemischtem Erbgut. Fest steht, dass erst im embryonalen Zweizellenstadium (nach der ersten Mitose) der Kern jeder Tochterzelle jeweils einen vom Vater und der Mutter stammenden Chromosomensatz besitzt. Diese biologische Gegebenheit ist vor allem für die Frage, wann von einem „Individuum" gesprochen werden kann, von großer Bedeutung.
Nach dem Eisprung befindet sich die diploide sekundäre Oozyte im Eileiter (Tuba uterina) immer noch in der Metaphase II (der Meiose II). Trifft das Spermium auf die Eizelle, dringt es durch die Corona radiata bis zur Zona pellucida vor. Dort reagiert die Spitze des Spermiums (Akrosom) mit Zona-Molekülen, Enzyme helfen bei der Auflösung der Zona an dieser Stelle.
Bereits die Berührung der äußeren Eizellenmembran durch das Spermium aktiviert die Oozyte: Die Meiose II wird abgeschlossen und ein zweites Polkörperchen mit den

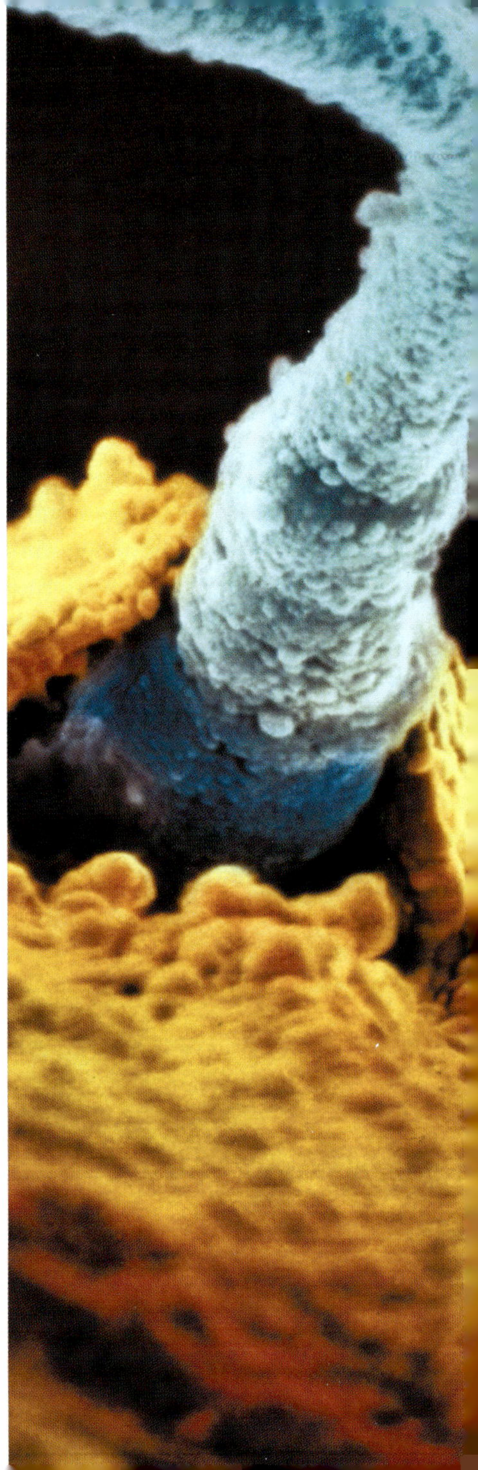

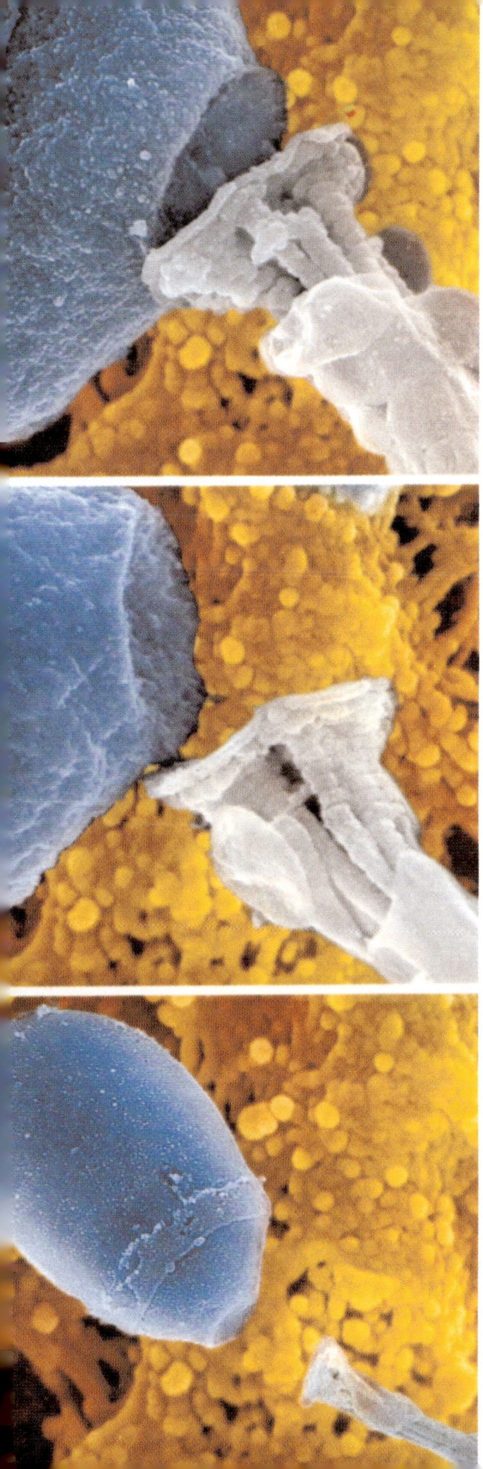

überschüssigen Chromosomen wandert in den Randbereich der Eizelle (perivitelliner Raum). Es bildet sich schließlich ein erster haploider, weiblicher „Vorkern". Die zweite Aktivierung der Eizelle besteht in der Ausschüttung so genannter Kortikalgranula, die die Struktur der Zona pellucida so verändern, dass keine weiteren Spermien mehr eindringen können. Das Spermium ist nun erfolgreich und vollständig (mit Kopf und Schwanz) in die Oozyte eingedrungen. Allmählich lösen sich Schwanz und Kopfmembran auf und das väterliche Kernmaterial „schwimmt" im Zytoplasma der vormaligen Eizelle. Abschließend bildet sich ein zweiter haploider, väterlicher „Vorkern". Das Ergebnis der Befruchtung ist also eine einzige Zelle mit jeweils einem haploiden mütterlichen und väterlichen Vorkern, die nebeneinander liegen: Ein einzelliger Embryo, die Zygote, ist entstanden. Und wie geht es jetzt weiter?
Eine „Verschmelzung" der Vorkerne findet in jedem Fall nicht statt! Die beiden Vorkerne der Zygote liegen, in Membranen gehüllt, weiterhin ruhig nebeneinander und verdoppeln (replizieren) in einer S-Phase ihre genetischen Informationen – erst zu diesem Zeitpunkt sind beide Vorkerne diploid und zur Mitose bereit. Die Vorkernmembranen verschwinden, es bildet sich ein Spindelapparat und die Chromosomensätze der Vorkerne platzieren sich akkurat in einer Ebene. Mütterliche und väterliche Chromosomen begegnen sich hier zum ersten Mal. Dann laufen die üblichen Phasen der Mitose ab, die Membran der Zygote furcht sich und ein zweizelliger Embryo entsteht. Jede der beiden Zellen weist nun einen diploiden Chromosomensatz auf, mit jeweils väterlichen und mütterlichen Chromosomen.
Man könnte allenfalls argumentieren, dass im Rahmen der Mitose dann doch eine „Verschmelzung" von mütterlichem und väterlichem Genmaterial stattfindet, dieser Zeitpunkt also auch der Beginn individuellen, neuen Lebens sei.

Etwa einem von zehn Spermien, die die Eihülle überwunden haben, gelingt es, die Membran der Eizelle zu durchdringen. Das erfolgreiche Spermium wirft dann seinen Schwanz ab, der nicht mehr benötigt wird.

Etwa 30 Stunden nach der Befruchtung hat sich die Zygote erstmals durch Mitose in zwei Tochterzellen geteilt. Jede Zelle enthält einen diploiden Chromosomensatz, mit jeweils 23 mütterlichen bzw. väterlichen Chromosomen. Von den Flimmerhärchen des Eileiters getrieben, wird die Zygote bis zur Gebärmutter fortbewegt, wo sie sich nach etwa sieben Tagen als Blastozyste einnistet.

Etwa 20 Stunden nach der Befruchtung liegen männliche und weibliche Erbinformationen in den Vorkernen scheinbar ruhend nebeneinander. Während dieser Zeit wird die männliche bzw. weibliche DNA in den Vorkernen der befruchteten Eizelle (Zygote) verdoppelt (Synthesephase).

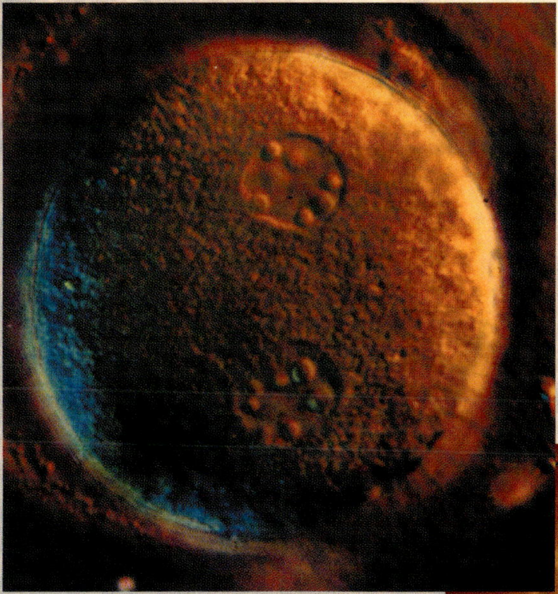

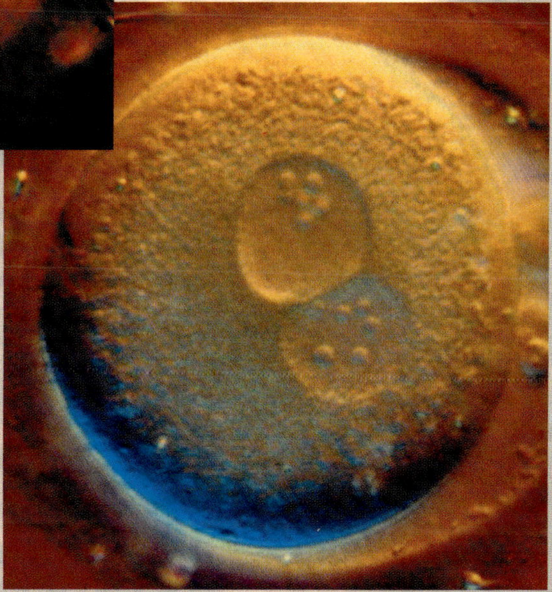

Nach Abschluss der DNA-Synthese besitzt jeder Vorkern einen doppelten (diploiden) Chromosomensatz. Die Zygote ist nun bereit zur ersten Zellteilung.

Die biologischen Details der Befruchtung belegen klar, dass es zu keinem Zeitpunkt einen einzelligen Embryo mit einem einzigen Kern gibt. Wann entsteht also neues Leben? Zu welchem Zeitpunkt kann nun angenommen werden, dass ein „menschliches Individuum" geschaffen wurde? Im Stadium der Zygote mit zwei getrennten Vorkernen? Oder nach der Teilung der Zygote in zwei embryonale Zellen mit väterlichem und mütterlichem Kernmaterial?

Die Embryologie

und

Ovologie des Menschen,

oder

beschreibende und iconographische Geschichte der Anatomie und Physiologie

des

menschlichen Eies;

von

A. A. L. M. Velpeau,

Arzt am Hospital *de la Pitié*, Mitglied der medicinischen Facultät von Paris, Professor der Anatomie, der Geburtshülfe und operativen Chirurgie, Ritter der Ehrenlegion; Mitglied der *Académie royale de Médecine*, der *Société médicale d'émulation de Paris*, der medicinischen Gesellschaften zu Tours, Louvain, Rio-Janeiro etc. etc.

Aus dem Französischen übersetzt

von

Dr. Carl Schwabe,

practischem Arzt und Geburtshelfer in Weimar.

Mit 15 lithographirten Tafeln.

Ilmenau, 1834.

Druck, Verlag und Lithographie von Bernhard Friedrich Voigt.

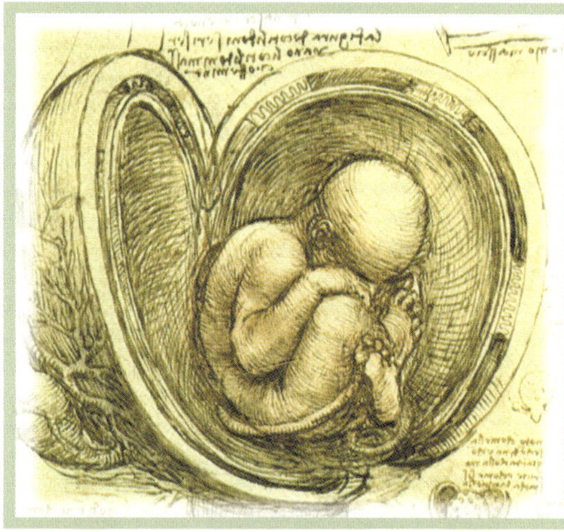

2000 Jahre Embryologie

Der Mensch ist eine junge „Erfindung". Die Stammesgeschichte des Menschen ist ein kontinuierlicher Entwicklungsvorgang von einfachsten Organismen hin zu großer Komplexität und höchster Differenzierung: Erste Lebensformen auf der Erde entstanden vor etwa zwei Milliarden Jahren – Hominiden bzw. menschliche Frühformen existieren erst seit etwa fünf Millionen Jahren.

Pallas Athene wird aus dem Scheitel des Zeus geboren, nachdem Hephaistos mit der Axt den Schädel seines Vaters gespalten hat. Der erleuchtete Buddha sprosst aus der Hüfte einer Frau. Der christliche Schöpfergott formt die Urfrau Eva aus einer Rippe des Urmannes Adam. Woher kommt der Mensch? Wie wird der Mensch zum Menschen?

Mythologie und Religion haben ihre eigenen Antworten auf die Frage der Menschwerdung gefunden und Glaubensvorstellungen über den Ursprung des Menschen sind bis heute lebendig. Beobachtung, Experiment, Forschergeist, Neugier, Vorstellungskraft und Spekulation sind hingegen Merkmale der wissenschaftlich geprägten Suche nach dem Ursprung des Menschen.

Als „Embryologie" wird die Erforschung der vorgeburtlichen (pränatalen) Stadien von Mensch und Tier bezeichnet: Die Entstehung der Blastozyste (Blastogenese), die Entwicklung des Embryos (Embryogenese) und die Fetalentwicklung. Die Wurzeln dieser wissenschaftlichen Disziplin reichen mehr als 2000 Jahre zurück. Embryologie, Molekular- und Zellbiologie, Genetik und Biotechnologie eröffneten während der letzten beiden Jahrzehnte des 20. Jahrhunderts einen vollkommen neuen Blick auf die Details der Lebensentstehung und haben unser biologisches Weltbild verändert.

Die erste schriftliche Äußerung zur Entwicklung tierischer Lebewesen wird dem griechischen Dichter und Astronomen Aratos im 3. Jahrhundert vor Christus zugeschrieben. Der Begriff „Embryologie" wurde zum ersten Mal 1719 von dem Stettiner Mediziner Siegismund August Pfeiffer benutzt („Embryologia, seu doctrina foetus in utero").

Magische Menschwerdung

Es ist keineswegs so, dass der Sexualakt zwangsläufig immer mit der Zeugung eines Menschen in Verbindung gebracht wurde. Den Vorstellungen der zentralaustralischen

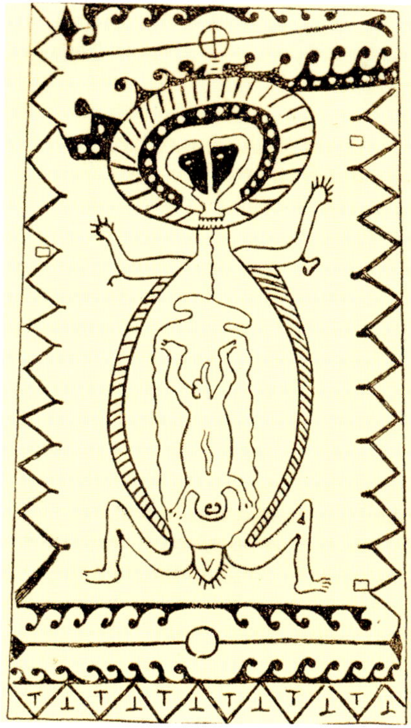

Darstellung eines männlichen Embryos auf der Tür eines Eingeborenenhauses in Neuguinea: Die Nabelschnur führt direkt zum Kopf!

Arunta zufolge wird die Frau außergeschlechtlich befruchtet: Eine Totemseele tritt beispielsweise durch den Mund der Frau ein und schwängert sie. Der neu geborene Mensch ist dann mit dieser Totemseele erstgradig verwandt, „blutsverwandte" Angehörige sind nur von sekundärer Bedeutung. Buschmänner-Stämme Afrikas glauben,

Der griechische Philosoph Aristoteles (384 bis 322 v. Chr.), Mitglied von Platons „Akademie" und Lehrer von Alexander dem Großen, gilt als Begründer der Embryologie.

dass der Samen des Mannes und das Blut der Frau in der Gebärmutter gut durchgeschüttelt und vermischt werden, wodurch im vierten Schwangerschaftsmonat durch Gerinnung eine käsige Masse entsteht, aus der zunächst ein eidechsenähnlicher Keimling hervorgeht.

Die altägyptische Vorstellung von der Zeugung des Menschen ging wahrscheinlich davon aus, dass der männliche Samen im Hirn oder im Rückenmark gebildet wird (enzephalo-myeloische Samentheorie). Ausschlaggebend für die Fortpflanzung war in jedem Fall nur der männliche Samen, der irgendeine Leibeshöhle zur weiteren Entwicklung des entstehenden Menschen benötigte.

Antike Menschwerdung

Die Zeugungslehre der griechisch-römischen Antike übernimmt einerseits altägyptische Anschauungen sowie magisch-suggestive Vorstellungen der Naturvölker, führt andererseits durch Beobachtung und Befund (Empirie), durch Experiment, durch philosophische Spekulation und Systematisierung zu neuen Erkenntnissen. Alkmaion von Kroton (6. Jahrhundert v. Chr.) und Platon (4. Jahrhundert v. Chr.) sind Anhänger der überlieferten enzephalo-myeloischen Samentheorie. Mit Empedokles (500 bis 430) und Parmenides (515 bis 445) werden Gegensatzpaare (rechts - links, männlich - weiblich oder etwa Primärqualitäten wie warm - kalt, feucht - trocken) sowie die vier Urelemente (Feuer - Luft - Wasser - Erde) eingeführt. Mann und Frau sind gleichberechtigt an der Zeugung beteiligt (Zweisamenlehre). Für Anaxagoras (500 bis 425) ist nur der männliche Beitrag für die Zeugung von Bedeutung (Einsamenlehre).

Aristoteles (384 bis 322) gilt als einer der Begründer der wissenschaftlichen Embryologie. Sein experimentelles Modell war die Entwicklung des Hühnereis: „Nimm 20 oder mehr Eier und lasse sie durch zwei oder mehr Hühner bebrüten. Dann zerbrich vom 2. Tag des Bebrütens an jeden Tag ein Ei und untersuche es." Aristoteles gelang auf diese Weise eine Vielzahl von Beobachtungen zur Organentwicklung des Hühnerembryos.

Galen (129 bis 199), Leibarzt des römischen Kaisers Marc Aurel, beschreibt zwar die Hoden als Produktionsstätte des männlichen Samens und die weiblichen Eileiter, glaubt aber an die „Befruchtung im Blut" (hämatogene Zeugung) sowie an einen männlichen und weiblichen Samen: Die Vererbung der Art und der Individualmerkmale wird durch den Wettstreit männlichen und weiblichen Samens bestimmt, die Geschlechtsvererbung durch den Wärmegrad des männlichen Samens.

Leonardos neue Wirklichkeit

Während der Spätantike und im Mittelalter kamen keine neuen embryologischen Erkenntnisse hinzu. Medizinische Texte der griechisch-römischen Antike und der arabischen Welt wurden erst ab dem 11. Jahr-

Die mythische Zeugung: Jupiter hält ein Ei in Händen, aus dem alle tierischen Lebensformen entspringen. Der englische Arzt William Harvey, Entdecker des Blutkreislaufs und Begründer der modernen Embryologie, illustrierte so den Titel seines Werkes „Exercitationes de generatione animalium" (Amsterdam 1651). Seine Hypothese besagt, dass alles Leben aus dem Ei entsteht!

hundert wieder in Mitteleuropa aufgegriffen. Thomas von Aquin (1226 bis 1274) unterstreicht etwa die Form gebende Minderwertigkeit der Frau und Gilles de Rome (1243 bis 1316) fasste alles antike und arabische Wissen zur Zeugungsproblematik in einem wortgewaltigen Gedankengebäude zusammen. Das Renaissancegenie Leonardo da Vinci (1452 bis 1519) beschäftigte sich seit 1487 in Wort und Bild auch mit anatomischen Themen. So studierte er die Geschlechtsorgane von Mann und Frau sowie die Gebärmutter während der Schwangerschaft, allerdings stammten die Beobachtungen zur schwangeren Gebärmutter vom Rind – den menschlichen Fetus platzierte er in seinen Zeichnungen geschickt in der Gebärmutter einer Kuh. Mit viel Phantasie und Vorstellungsvermögen übertrug er Befunde von Hühnerembryonen und Tiersektionen auf menschliche Verhältnisse. In den Jahren 1511 und 1512 zeichnete Leonardo meisterhaft das Kind in die Gebärmutter (der Kuh) in typisch gekrümmter Lage und unterschiedlichen Perspektiven, mit und ohne Nabelschnur.

Ovisten und Animalkulisten

Die markanteste Persönlichkeit der Embryologie des 17. Jahrhunderts ist ohne Zweifel William Harvey (1578 bis 1657). Er bezeichnete sich selbst ausdrücklich als Gefolgsmann von Aristoteles, ohne dessen Lehre starr dogmatisch zu übernehmen. Im Jahr 1651 erschien sein Werk „Exercitationes de generatione animalium", dessen Methodik vom Sachverhalt (Natur), dem wissenschaftlichen Versuch (Experiment), dem Befund (Observation) und der daraus abgeleiteten Verallgemeinerung (Induktion) bestimmt ist. Seine Theorie vom Ursprung allen Lebens lautete: Alles Lebendige stammt vom Ei ab („ex ovo omnia"). Die modellhafte Urform des Eies hat Harvey zufolge zwei Grundkomponenten: eine Flüssigkeit und eine diese einschließende Hülle. Wie seine Vorgänger, leitete auch Harvey seine Erkenntnisse von Versuchen mit Hühnerembryonen ab. Harvey war davon überzeugt, dass die Gebärmutter

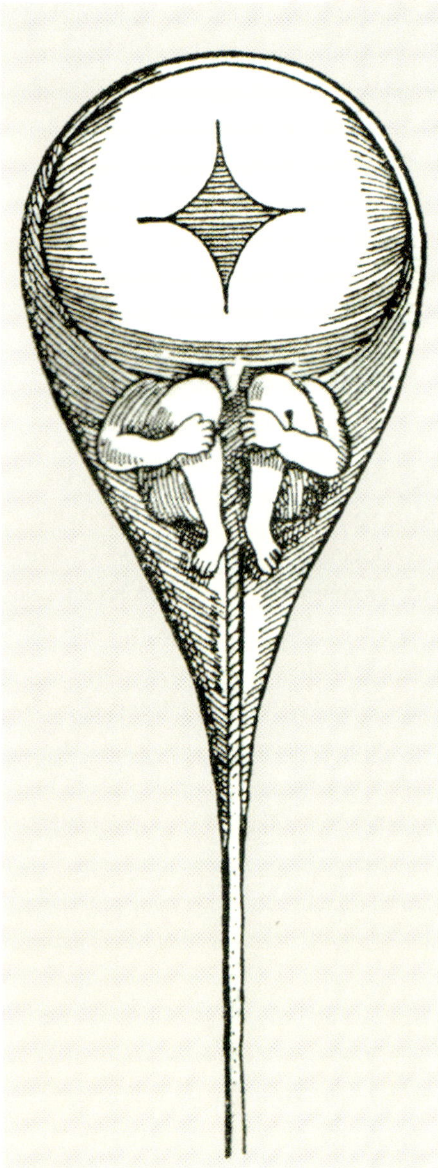

der Ort der Zeugung ist, er sprach vom „vollständigen Ei der Säugetiere" und betrachtete das Vogelei als ausgestoßene Gebärmutter. Ganze Generationen von Embryologen sollten sich in der Folge auf die Suche nach dem „Säugetierei" begeben („Ovisten").

Zu einer Richtungsänderung in der Erforschung der Fortpflanzung trug die Erfindung der Mikroskopie bei, die dem Delfter Stadtbeamten Antoni van Leeuwenhoek (1632 bis 1723) zugeschrieben wird. Leeuwenhoek hatte im Samen eines Mannes bewegliche „Tierchen" gesehen und auch im Sperma anderer Tiere beobachtet. Er gelangte zu der Ansicht, dass nicht das Ei, sondern diese beweglichen Samentierchen („Animalculum") das eigentliche Lebensprinzip darstellen müssten: Der Same, der den „vorgefertigten" Menschen enthält, bohrt sich in das Ei hinein und verbraucht dort dessen Inhalt als Nahrung für die eigene Weiterentwicklung.

Nach Vorstellung des Arztes Hartsoeker (1694) ist der ganze Mensch bereits im männlichen Samen komplett vorgefertigt („Präformation"): Fortschritte auf dem Gebiet der Mikroskopie widerlegten diese lange verteidigte Präformationstheorie.

Karl Ernst von Baer (1792 bis 1876) entdeckte im Frühjahr 1827 erstmals die größte Zelle des menschlichen Organismus: Die Eizelle ist mit bloßem Auge sichtbar.

Suche nach dem Säugetierei

Im Jahr 1747 erklärten die einflussreichen französischen Enzyklopädisten Diderot und d'Alembert, dass die Natur wohl keineswegs so verschwenderisch sei, Millionen von komplett vorgefertigten Samentierchen (Präformismus) mit einer Menschenseele auszustatten und zu Grunde gehen zu lassen. Und 1759 wies Kaspar Friedrich Wolff in seinem Werk „Theoria generationis" formal und logisch exakt nach, dass der Präformismus deshalb unhaltbar ist, da in einem späteren Entwicklungsstadium ja keine voll ausgeformten Gliedmaßen zu beobachten seien.

Dennoch war die Frage des „Säugetiereies" noch immer unbeantwortet geblieben. Der baltendeutsche Biologe und Universalgelehrte Karl Ernst von Baer (1792 bis 1876) erforschte eingehend zahlreiche Problembereiche der embryonalen Entwicklung und deren Ablaufregeln. Baer war auf der Suche nach dem „Säugetierei" – und im Frühjahr 1827 entdeckte er tatsächlich die größte Zelle des menschlichen Organismus, die Eizelle war mit bloßem Auge sichtbar. Darüber hinaus beschrieb er erstmals weitere grundlegende Strukturen der embryonalen Entwicklungsgeschichte und der Eizelle.

Nach Auffassung Baers ist Leben als kontinuierlicher Wachstumsprozess zu begreifen, dessen Wesen in Umbildung und Gestaltwandel begründet liegt. Er näherte sich damit wieder den antiken Vorstellungen des Gestaltwandels (Epigenese). Das „Samentierchen" (seit 1841 „Spermatozoon" genannt) war allerdings in Baers Wachstumstheorie nicht zu integrieren. Der Würzburger Anatom Albert Kölliker (1817 bis 1905) und andere Forscher konnten schließlich zeigen, wie die Spermatozoen im Hodengewebe in einer Abfolge von Zellteilungen gebildet werden.

Embryo
Nicht einheitlich gebrauchter Begriff, in der Medizin meist die Leibesfrucht von der befruchteten Eizelle oder auch von der Einnistung in der Gebärmutter (Uterus) an bis zum Abschluss der Organentwicklung (etwa bis zur achten Schwangerschaftswoche).

Fetus
Foetus, Fötus. Nach deutschem Recht gilt die Frucht nach Abschluss der Einnistung in die Gebärmutter (Uterus) als Fetus. In der Medizin steht die Bezeichnung für die Leibesfrucht nach Abschluss der Embryonalentwicklung (ab der 9. Schwangerschaftswoche).

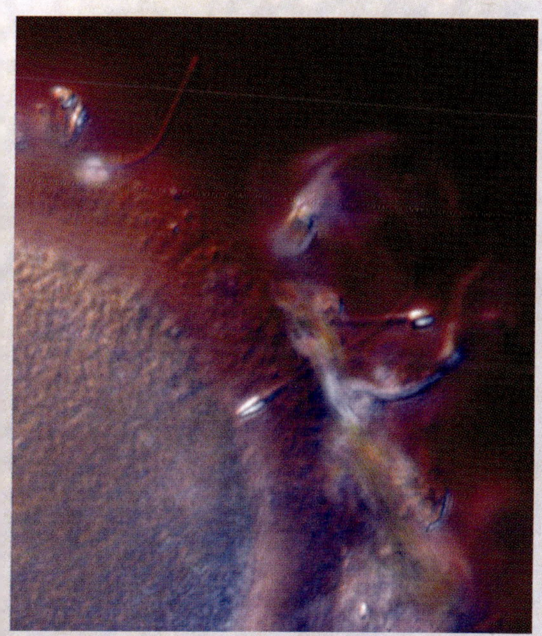

Klarheit über die Befruchtung

In den Jahren 1828 bis 1848 wurden bei Eizellen verschiedener Tierspezies die „Polkörperchen" entdeckt, ohne dass deren Funktion hinreichend bekannt war. Das Eindringen von Spermatozoen in die Zona pellucida war seit 1840 mehrfach beschrieben worden, allerdings blieb unklar, wie viele Spermatozoen in die Eizelle eindrangen. Erst im Jahr 1875 fand der Gelehrtenstreit der „Ovisten" gegen „Animalkulisten" ein Ende: 1875 wurde bei Frosch-Eizellen zweifelsfrei nachgewiesen, dass die Befruchtung nach Eindringen der Samen- in die Eizelle vollzogen wird. Und 1879 war beobachtet worden, dass nach der Befruchtung ein zweites Polkörperchen sowie zwei Vorkerne im einzelligen Embryo (Zygote) entstehen. 1883 entdeckte van Beneden schließlich die Reduktion der Chromosomenzahl – der Mechanismus der Befruchtung war geklärt.

Ein siegreiches Spermium hat die Zona pellucida der Eizelle durchdrungen, keine weiteren Spermien können nun in die Eizelle gelangen.

„Bei der Bildung des Embryos ist jeder Elternteil in Form eines Kerns vorhanden." Balbiani 1879

Blastozysten und Embryos

Nach etwa acht Tagen hat sich die Blastozyste, die nun aus mehreren hundert Zellen besteht, in die Gebärmutterschleimhaut eingenistet.

Zu Beginn des 20. Jahrhunderts waren die wesentlichsten Entwicklungsschritte des frühen Säugetierembryos in allen Einzelheiten bekannt: Zunächst dringt eine Samenzelle (Spermatozoon) in die Eizelle (Oozyte) ein, dann entsteht ein einzelliger Embryo mit zwei Vorkernen (Zygote). Die Zygote teilt sich (Furchung). Nach weiteren Zellteilungen ist ein Zellhaufen entstanden (Morula), der sich weiter teilt, bis sich eine Blastozyste gebildet hat. Die einzelnen Zellen der Morula (vier, acht, 16 Zellen) werden als „Blastomeren" bezeichnet. Beim Menschen nistet sich die Blastozyste nach etwa einer Woche in die Gebärmutterschleimhaut ein (Nidation).

Die Blastozyste besteht aus zwei verschiedenen Strukturen, dem Trophoblasten und dem Trophektoderm (aus dem sich die Plazenta entwickelt). In der kugeligen Blastozystenhöhle befindet sich die „innere Zellmasse", aus der sich der eigentliche Embryo weiterentwickelt und die auch Stammzellen enthält (Embryoblast), die embryonalen Stammzellen.

Nach weiteren Teilungsvorgängen ist ein Blasenkeim entstanden, der ein noch immer kugelförmiges Gebilde darstellt – ohne jede Ähnlichkeit mit dem Lebewesen, das daraus hervorgehen soll. In diesem Stadium beginnt nun ein sehr genauer und hochkomplexer Vorgang der Selbstfaltung

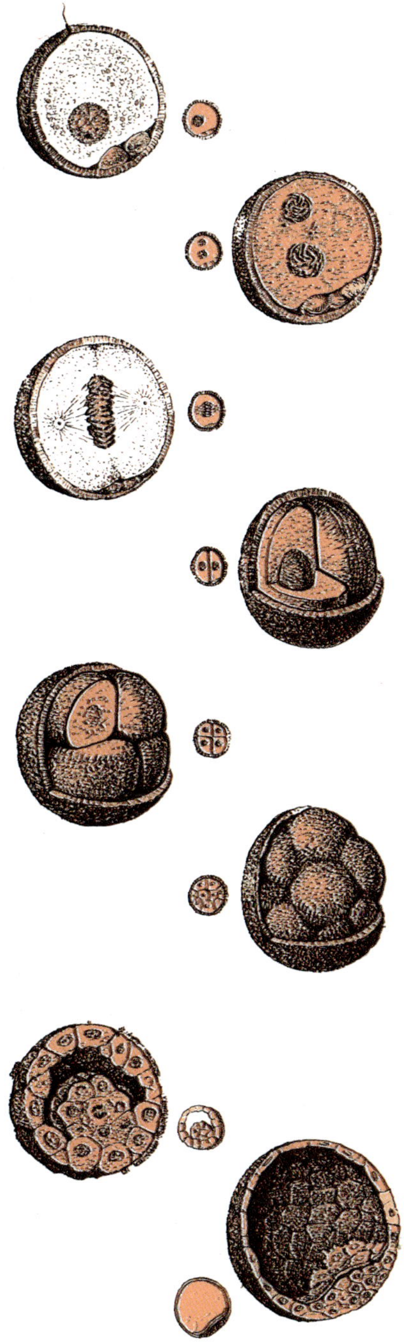

Schematische Darstellung der Entwicklung von der Befruchtung bis zur etwa fünf Tage alten Blastozyste (von oben nach unten etwa 250fach vergrößert, in der Bildmitte Querschnittdarstellungen etwa 50fach vergrößert):

- *Eizelle mit haploidem Chromosomensatz und zwei Polkörperchen, in die eine Samenzelle eindringt*
- *Zygote mit Vorkernen in der DNA-Synthesephase mit Verdoppelung der noch getrennten mütterlichen und väterlichen Chromosomensätze.*
- *Erste Zellteilung (Mitose)*
- *Embryo im Zweizellenstadium nach etwa 24 Stunden. Die beiden Tochterzellen besitzen diploide, mütterlich-väterliche Chromosomensätze.*
- *Vierzellenstadium am zweiten Tag*
- *Morulastadium am dritten Tag*
- *Blastozyste mit abgestoßener Zona pellucida und der inneren Zellmasse*
- *Implantationsfähige Blastozyste am fünften Tag*

und Verschiebung verschiedener Zellschichten – vergleichbar der Kunst des Papierfaltens (Origami), wobei es während der Entwicklung des Embryos allerdings zu einer exponentiellen Zellvermehrung kommt. Der Embryo gewinnt nun zunehmend erkennbare körperliche Gestalt. Gruppen von Zellen verschiedener Teile des Embryos spezialisieren und differenzieren sich, um unterschiedliche Organgewebe und Strukturen zu bilden: Herz, Leber, Lunge, Nervengewebe und alles andere. Dieser faszinierend komplexe Faltungsprozess verläuft rasch, ohne Unterbrechung und verblüffend exakt. Trotz dieser Kenntnisse gibt es noch viele offene Fragen: Wie können sich aus einem ungeformten Zellhaufen zahlreiche hoch spezialisierte Zellen etwa für Herz-, Nerven- oder Knochengewebe bilden? Wie wissen embryonale Zellen, wann und wie sie einen bestimmten Weg zu einer definierten Differenzierung einschlagen sollen? Das Wunder des Lebens: Aus einem ungeformten Zellhaufen entstehen hochkomplex geformte Lebewesen – weder die Zygote noch die Blastomeren oder die Zellen der inneren Zellmasse der Blastozyste weisen die geringste Ähnlichkeit mit Zellen differenzierter Körpergewebe auf – und doch entsteht alles aus ihnen.

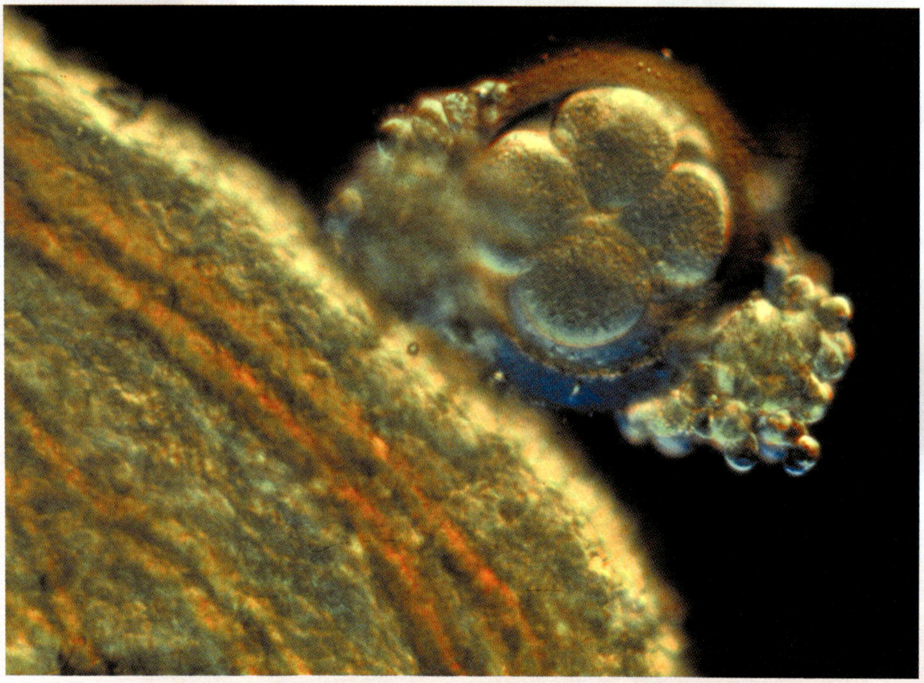

Etwa ab dem dritten Tag nach der Befruchtung ist das Morula-Stadium mit vier bis acht totipotenten Blastomeren erreicht. Der frühe Embryo mit wenigen Zellen ist noch immer, in Nahrungszellen eingebettet, unterwegs zu seinem Nistplatz in der Gebärmutter.

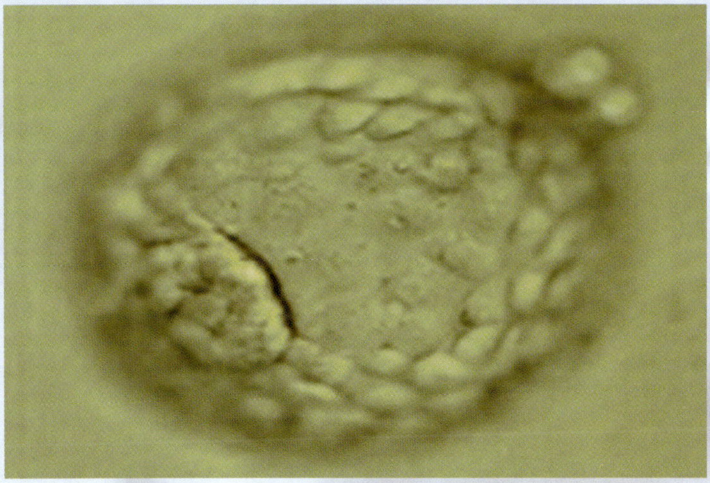

Blastozysten im Labor: Unter dem Mikroskop ist jeweils links deutlich die innere Zellmasse, die Stammzellen enthält, zu sehen. Mit der äußeren Zellschicht heftet sich die Blastozyste in vivo in der Gebärmutterschleimhaut ein.

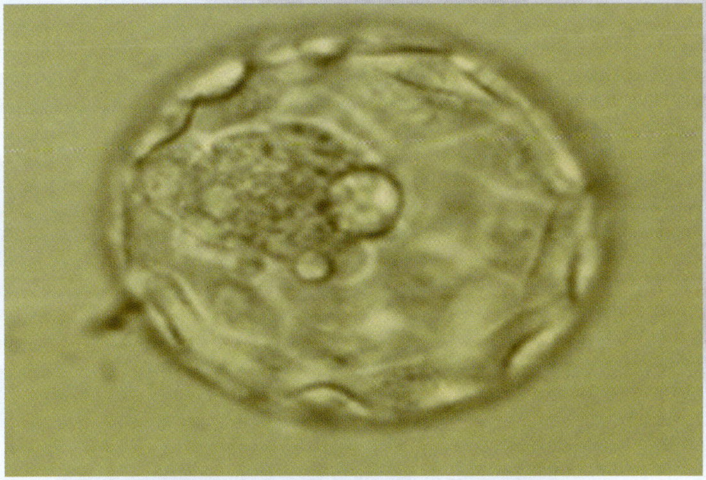

Entwicklung der Blastozyste

- 24 Stunden nach Befruchtung: befruchtete Eizelle (Zygote)
- 2. Tag:
  Teilung der Zygote in zwei Tochterzellen (Blastomere)
- 3. Tag:
  4-, 8-, 16-Blastomeren-Stadium (Morula)
- 4. Tag:
  32-Zellen-Stadium (frühe Blastozyste)
- 5. Tag:
  Späte Blastozyste (etwa 60 Zellen) mit hohlkugelförmigem Blastozystenkörper und innerer Zellmasse
- 6. Tag:
  Beginn der Einnistung der Blastozyste (etwa 100 Zellen) in der Gebär mutterschleimhaut, „Schlüpfen" (*hatching*) aus der Zona pellucida
- 7. Tag:
  Der frühe Embryo wächst in die Gebärmutterschleimhaut ein.

Entwicklung des Embryos

- 2. Woche:
  Keimscheibe und Plazentastrukturen
- 3. Woche:
  Primitivstreifen, Neuralrinne (ZNS), Herzschläuche
- 4. Woche:
  Das Herz beginnt zu schlagen. Neuralrohr, Kiemenbogen, Arm- und Beinknospen
- 5. Woche (5 bis 8 mm)
  Augen-, Ohren- und Nasenanlage, Handplatten, Kopfentwicklung
- 6. Woche (13 mm):
  Mund- und Nasenhöhle, Fußplatten, Oberlippe, Arm- und Fingerentwicklung
- 7. Woche (18 mm):
  Augenlider, Nasenspitze, Geschlechtshöcker, Analmembran, Rumpfverlängerung
- 8. Woche (30 mm):
  Verlängerung der Arme, Finger, Beine, Hoden, Eierstöcke, Genital, Anlage aller äußeren und inneren Organe

Nach vier bis fünf Tagen hat die Blastozyste ihr Ziel, die Gebärmutterschleimhaut, erreicht.

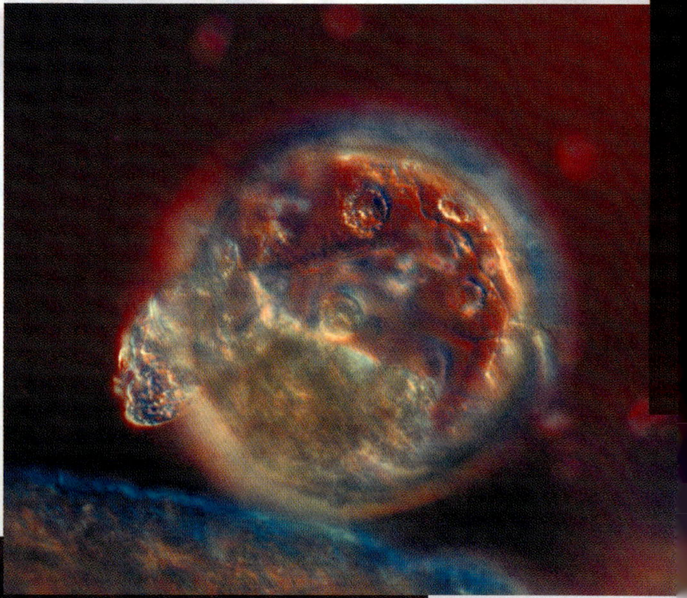

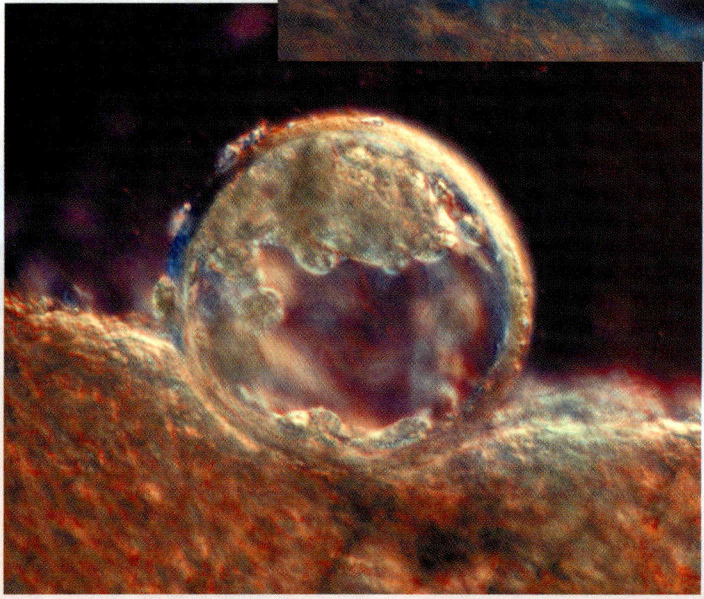

Am sechsten Tag beste die Blastozyste aus et 100 Zellen und begi sich in der Gebärmut einzunisten, nachdem aus der Zona pelluc „ausgeschlüpft" ist.

Acht Tage nach der Befruchtung der Eizelle sondert die Blastozyste eine Flüssigkeit ab: Das Signal für die Gebärmutterschleimhaut, dass der neue Lebenskeim angekommen ist.
Schleimabsonderung schützt die genetisch unterschiedliche Blastozyste zudem vor Angriffen des mütterlichen Immunsystems.

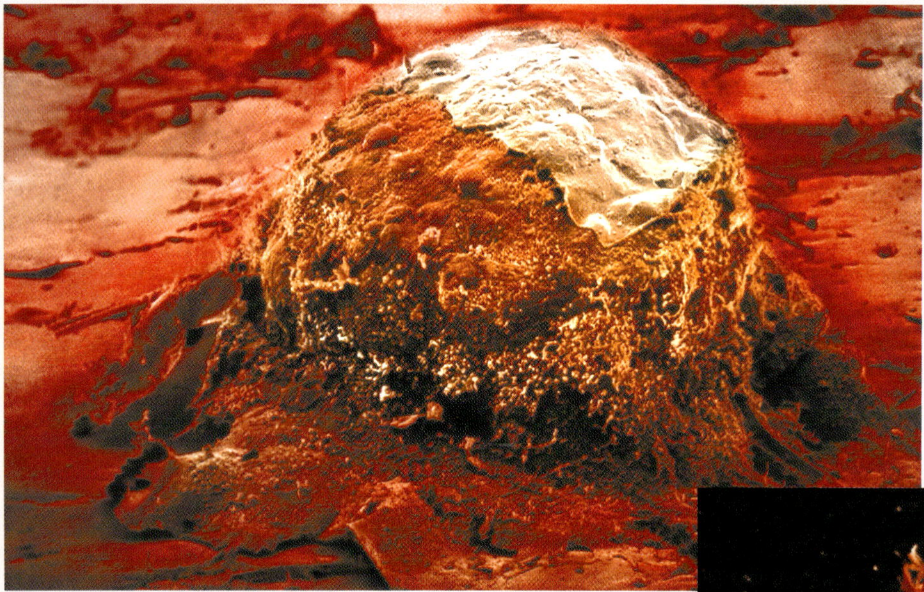

Wie ein Astronaut schwebt der etwa drei Monate alte Embryo in seiner Raumkapsel. Über Blutgefäße wird der Fetus mit Nährstoffen der Mutter versorgt. Der fransige Chorionsack ist mit dem Mutterkuchen (Plazenta) verbunden. Im Entwicklungsstadium von etwa elf Tagen umfasst die Blastozyste einige tausend Zellen und ist fest in der Gebärmutterschleimhaut verankert. Im Bodenteil sind die sich bildenden Plazentastrukturen bereits erkennbar. Im erhabenen Teil der Blastozyste wächst der Embryo heran.

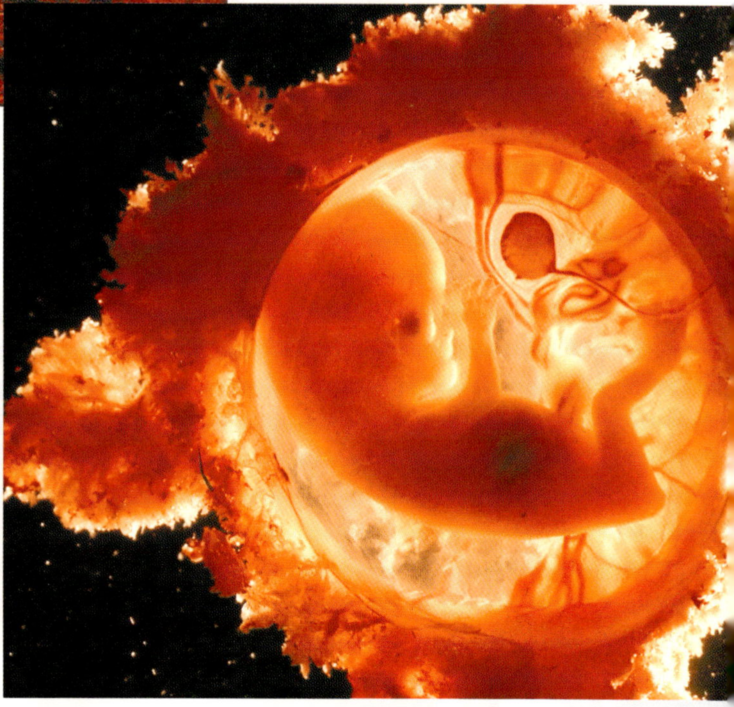

Entwicklung des Fetus

- 9. Woche (50 mm):
  äußere Genitalentwicklung
- 10. Woche (61 mm):
  äußere Genitalentwicklung, Gesicht
- 12. bis 25. Woche (2. Trimester):
  Gewicht 100 Gramm bis 1200 Gramm
- 26. bis 38. Woche (3. Trimester):
  Gewicht bis mehr als 3000 Gramm
- Geburt

er Fetus ist 18 Wo-
ıen alt und die Hälf-
› der Zeit des neuen
'enschen im Bauch
er Mutter ist bereits
erstrichen. Er ist etwa
) Zentimeter lang
nd bewegt sich in sei-
er Fruchtblase. Be-
ihrt ein Finger zufäl-
g die Lippen, wird ein
augreflex ausgelöst.

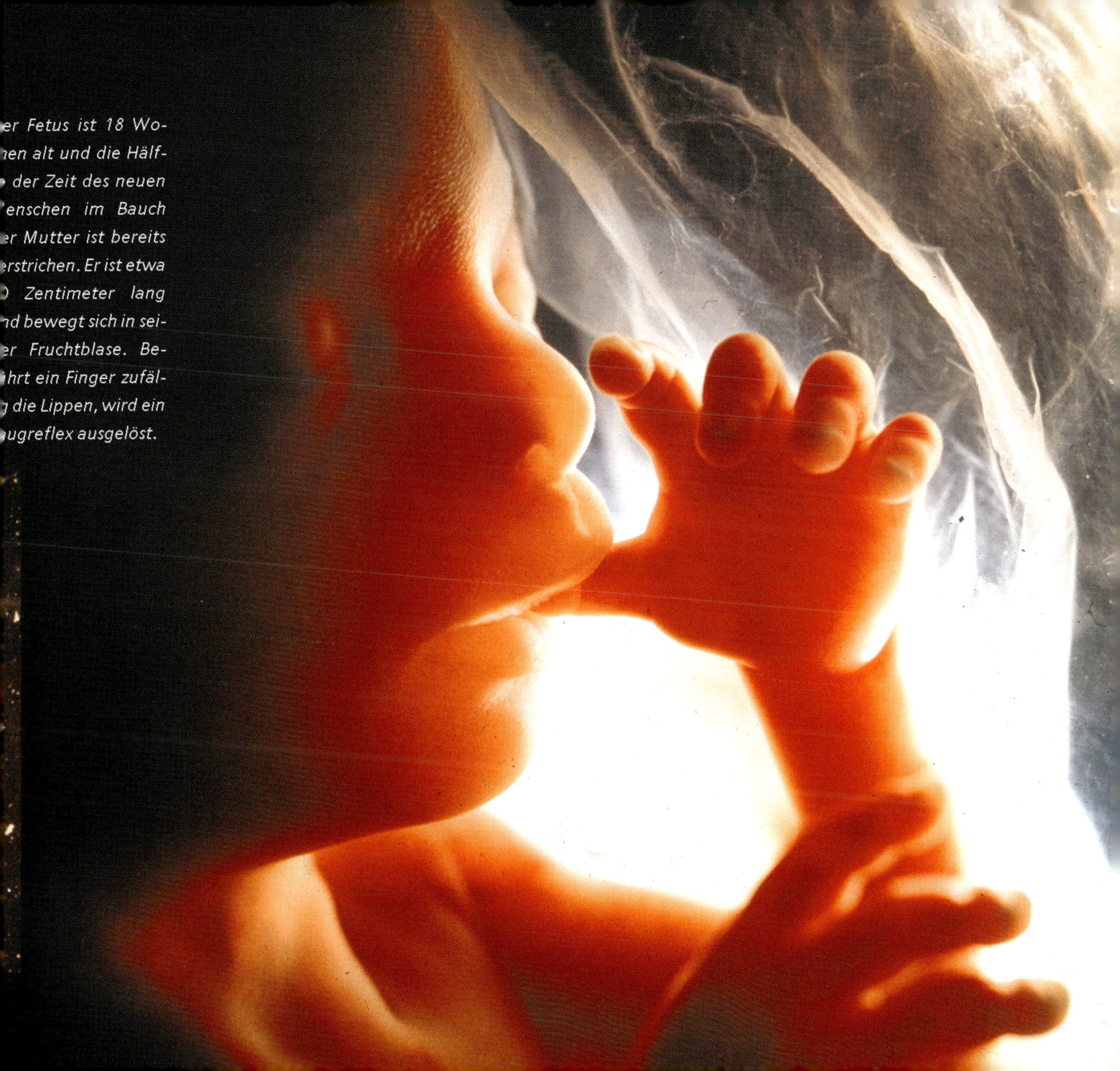

Stammzellenforschung

Den Zellen des Embryos vom Zygotenstadium bis hin zur Blastozyste wohnt offensichtlich eine fast magische Potenz der Gestaltung, eine bemerkenswerte Flexibilität zur Differenzierung in eine Vielzahl spezifischer Gewebe und eine unabsehbare biologische Plastizität inne. Es ist nachvollziehbar, dass die Entstehung von Lebewesen aus kaum sichtbaren Keimlingen seit Anbeginn der Menschheit eine große Faszination ausgeübt und den Forscherdrang zur Entschlüsselung der Geheimnisse der Zeugung von Leben beflügelt hat. Nachdem in den 1940er Jahren vorstellbar geworden war, in naher Zukunft Lebewesen durch Kernübertragung in frühe Embryonalzellen zu klonieren, waren dennoch wichtige Fragen unbeantwortet geblieben – eine davon lautet: Wann und warum verlieren Blastomeren ihre Fähigkeit, vollständige Lebewesen auszubilden?

Antworten auf diese Frage waren erst nach Fortschritten in der Genetik und Molekularbiologie möglich. Ende der 1940er Jahre stand immer noch die Hypothese im Raum, Zellen würden mit zunehmender Differenzierung von embryonalen Zellen zu adulten Organgewebezellen „Erbmaterial" verlieren. Die wesentlichen Bestandteile des Erbmaterials (die DNA) waren gerade entdeckt worden. „Gene" als Informationsträger des Entwicklungsprogramms von Zellen waren für viele Forscher damals noch eine sehr abstrakte Vorstellung. Erst im Jahr 1953 stellten Francis Crick und James Watson das Modell der „Doppelhelix" vor, gebildet aus gegenläufigen DNA-Kettenmolekülen. So entstand die Idee, dass nicht der Verlust von Genen einen Verlust an zellulärem Gestaltungspotenzial bzw. die zunehmende Differenzierung von Zellen verursacht, sondern dass Gene in einem bestimmten embryonalen Entwicklungsstadium „abgeschaltet" werden – und dadurch ihre Fähigkeit, ganze Organismen zu bilden (Totipotenz), verlieren.

Experimentelle embryonale Stammzellenforschung

Dass die innere Zellmasse von Blastozysten vor der Einnistung in die Gebärmutterschleimhaut (Präimplantationsstadium) Zelltypen enthält, die über ein vielfältiges Differenzierungspotenzial verfügen, war ein überraschender Befund von Studien zur Präimplantationsembryologie von Säugetieren, die in den 1950er Jahren begannen. Diese Studien standen in Zusammenhang mit den Anfängen der künstlichen Befruchtung (In-vitro-Fertilisation oder IVF) seit etwa 1962.

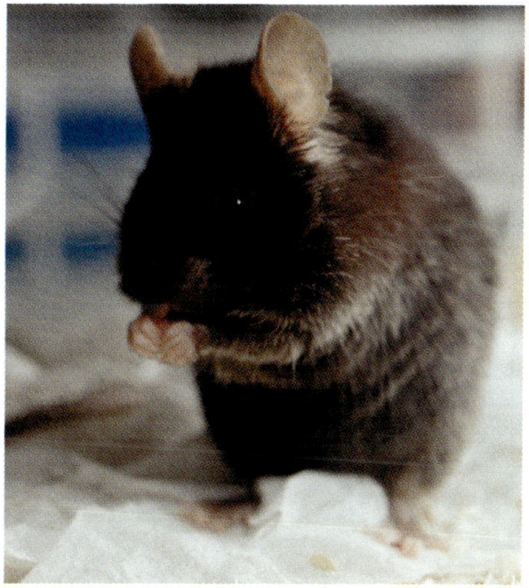

Auch für die Stammzellenforschung ist die Maus ein gefragtes Versuchsobjekt.

Einer der Pioniere der Stammzellenforschung ist Robert Edwards, der am Edinburgher Institut für Tiergenetik in den 1960er Jahren mit der Untersuchung der Differenzierungsvorgänge von Zellen „im Reagenzglas" begann, die Säugetierembryonen in einem Entwicklungsstadium vor der Einnistung in die Gebärmutter (Präimplantation) entnommen worden waren. Diese Versuche wurden mit Kaninchen durchgeführt und zeigten erstaunliche Ergebnisse:

- Aus Blastozysten (etwa fünf Tage alt) entnommene Zellen entwickelten sich in Kulturschalen abhängig vom Nährmedium zu Zellklumpen, Zelllagen und Einzelzell-

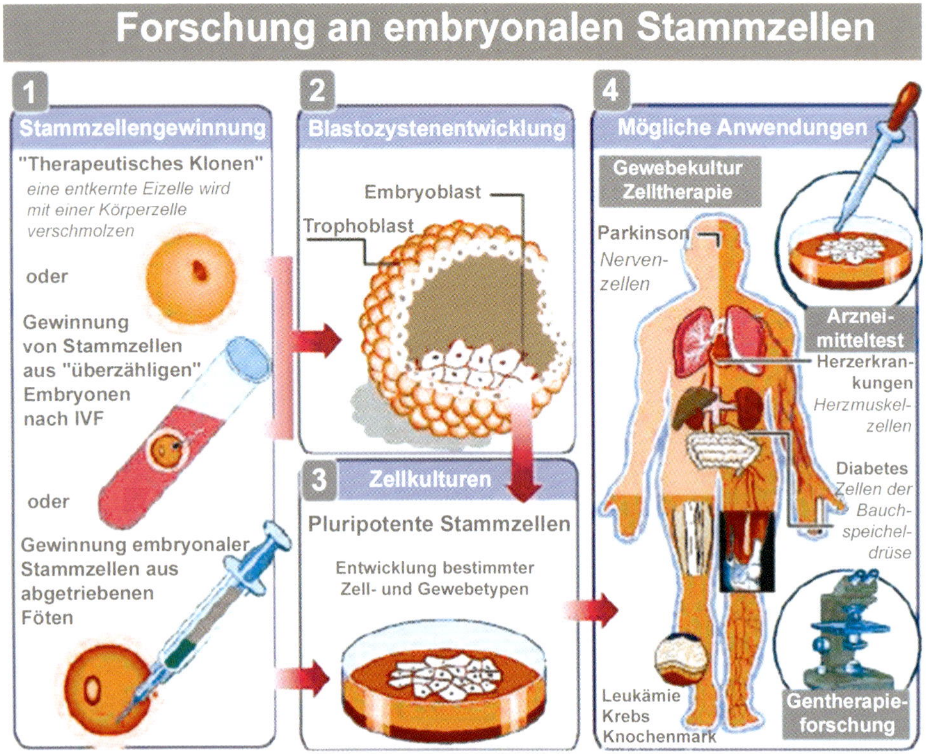

auswüchsen. Zellen der inneren Zellmasse von Blastozysten „wanderten" im Kulturmedium, differenzierten sich und begannen, Blutinseln, Muskel- und Bindegewebe, Nervenzellen, Blutzellen (Makrophagen) oder noch undefinierbare Gewebe zu produzieren. Offensichtlich bargen Zellen der inneren Zellmasse von Blastozysten ein ungeheures und vielschichtiges Entwicklungspotenzial.

- Zellen der inneren Zellmasse sechs Tage alter Kaninchen-Blastozysten wurden komplett entnommen und auf verschiedenen Nährböden kultiviert. Es bildeten sich Einfach- und Mehrfachlagen von hautähnlichem Zellgewebe (Fibroblasten, Epitheloid). Einige dieser Zellkolonien teilten sich auch ohne Kulturmedium direkt auf Glas weiter. Sie erneuerten sich unablässig selbst und ermöglichten die Herstellung so genannter „Zelllinien". Diese Stammzelllinien waren in der Lage, sehr lange zu überleben und sich immerzu weiter zu teilen – Edwards hatte auf diese Weise Zellpopulationen gewonnen, die praktisch „unsterblich" sind und ihr Entwicklungspotenzial zur Differenzierung in zahlreiche Gewebe (Pluripotenz) beibehalten.
- Es zeigte sich auch, dass solche embryonalen Zellen eingefroren werden konnten und nach dem Auftauen ihre Zellteilungsaktivität ohne Probleme wieder aufnahmen.

In der Folge wurden Versuche mit Mausembryonen im 2-, 4-, 8- und 16-Zellenstadium durchgeführt und es gelang etwa im Labor durch Zelltrennung und Zellfusion Maus-Chimären zu erzeugen.

Forschung mit menschlichen embryonalen Stammzellen

In Zusammenhang mit den Fortschritten der künstlichen Befruchtung vollzog sich der nächste Schritt: Die wissenschaftliche Forschung konnte nun auch menschliche embryonale Stammzellen als „Material" nutzen, um die Eigenschaften von Stammzellen genauer zu untersuchen. Bei einer künstlichen Befruchtung werden in der Regel

immer mehrere Eizellen befruchtet, die sich zu frühen Embryonen (Blastozysten) entwickeln. Aber nur die am besten entwickelte Blastozyste wird in die Gebärmutter der Frau implantiert. Auf diese Weise entstehen „überzählige" menschliche Embryonen, die häufig nicht zerstört, sondern eingefroren werden. Es muss erwähnt werden, dass drei Viertel der durch künstliche Befruchtung erzeugten Embryonen nicht implantationsfähig sind und vorzeitig absterben.
Edwards begann im Jahr 1971 mit Versuchen, Stammzellen aus solchen überzähligen Blastozysten zu isolieren, um daraus Stammzelllinien zu gewinnen, die sich ständig selbst erneuerten. Die Forschung interessierte sich vor allem dafür, mehr über die Eigenschaften und das Potenzial von

Robert G. Edwards, Reproduktionsmediziner und Pionier der Stammzellenforschung

menschlichen Stammzellen zu erfahren sowie Entwicklungsmechanismen früher Stadien menschlicher Embryonen zu studieren. Möglicherweise könnten eines Tages Gewebe aus embryonalen Stammzellen zu Heilzwecken für Menschen hergestellt werden. Versuche mit Zellen der inneren Zellmasse von fünf bis neun Tage alten menschlichen Blastozysten folgten.
Zu Beginn der 1980er Jahre standen bereits hunderte überzählige Embryonen zur Verfügung und boten die Gelegenheit, menschliche embryonale Stammzellen in größerem Maßstab zu untersuchen. Diese Experimente mit frühen embryonalen Stammzellen waren allerdings nicht erfolgreich. Ende der 1980er Jahre setzte erstmals eine ethische Diskussion um die

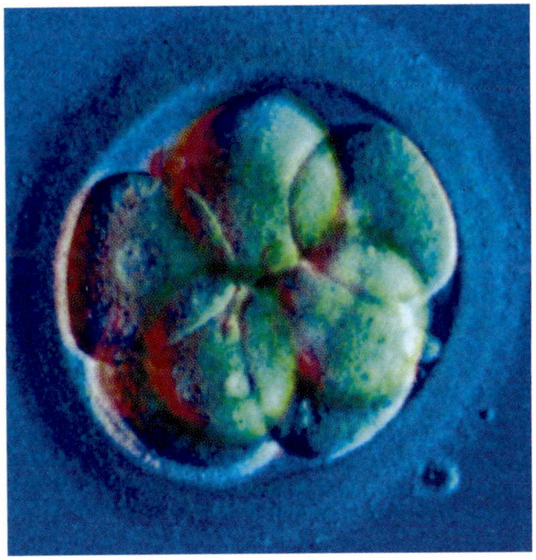

Links: Drei Tage alter Embryo mit acht etwa gleich großen Blastomeren mit vermutlicher Totipotenz. Der Embryo ist von der Zona pellucida umschlossen, mit einem rechts unten sichtbaren Polkörperchen.
Rechts: Fünf Tage alter Embryo (Blastozyste). Die Blastozystenhöhle wird durch große ovale Zellen des sich entwickelnden Trophoblasten gebildet. Rechts befindet sich die innere Zellmasse mit pluripotenten Stammzellen, die Zona pellucida ist bereits verdünnt (Vergrößerung 400fach).

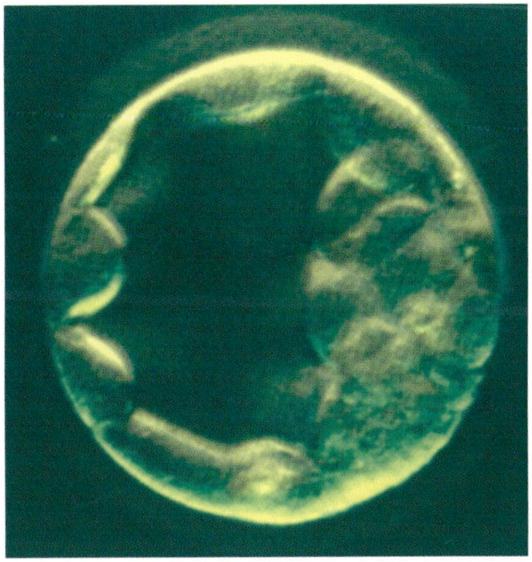

Zulässigkeit der Forschung an menschlichen Embryonen ein, diesbezügliche Projekte in England wurden gestoppt. Und Anfang der 1990er Jahre vernichtete man aus juristischen Gründen viele der in England für spätere Forschungszwecke eingefrorenen Embryonen, möglichst mit Zustimmung der Eltern.

Aber schon 1992 wurden erneut bemerkenswerte Forschungsergebnisse mit menschlichen embryonalen und fetalen Stammzellen veröffentlicht. International untersuchten nun viele Wissenschaftler dieses faszinierende biologische Phänomen. Nicht nur Medizin und Wissenschaft, sondern auch die Weltöffentlichkeit nahm mehr und mehr die therapeutischen Chancen und Risiken der Stammzellenforschung wahr. Seit 1996 verstärkte sich die Diskussion über die Zulässigkeit der Forschung an menschlichen embryonalen Stammzellen. Und im Jahr 1998 gelang es erstmals, menschliche embryonale Stammzellen zu isolieren und zu kultivieren.

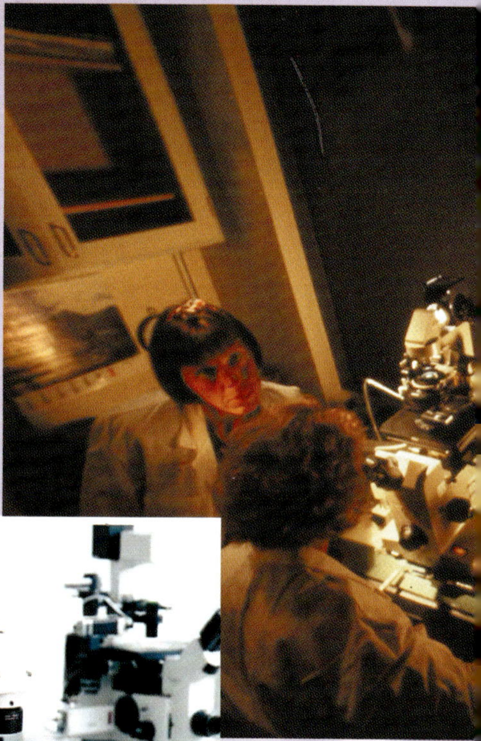

Totipotenz

Einzelnen Blastomeren, die in den frühen Teilungsphasen nach der Befruchtung der Eizelle entstehen, wird die Fähigkeit zugeschrieben, vollständige Organismen bilden zu können (Totipotenz). Totipotente Zellen können sich nicht nur in einen Embryo und alle postembryonalen Gewebe und Organe, sondern auch in extraembryonale Gewebe, wie die Plazenta, differenzieren. Aus einer menschlichen totipotenten Zelle könnte nach dem Transfer in die Gebärmutter einer Frau ein ganzes Individuum entstehen.

Pluripotenz

„Vielseitige Entwicklungsfähigkeit" gilt neben der Fähigkeit zur Selbsterneuerung als Haupteigenschaft von Stammzellen: Pluripotente Zellen können sich in sehr viele unterschiedliche Gewebe und Zelltypen eines Organismus entwickeln, jedoch kein ganzes Individuum mehr bilden.

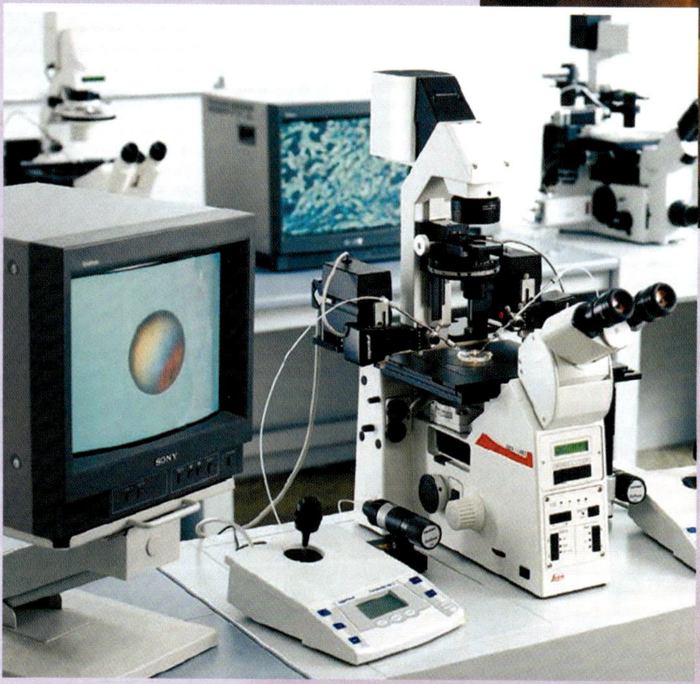

Arbeitsplatz für Zellbiologie und Stammzellenforschung mit Mikroskop und Monitor sowie zwei Joysticks zur präzisen Steuerung von Mikrokapillaren

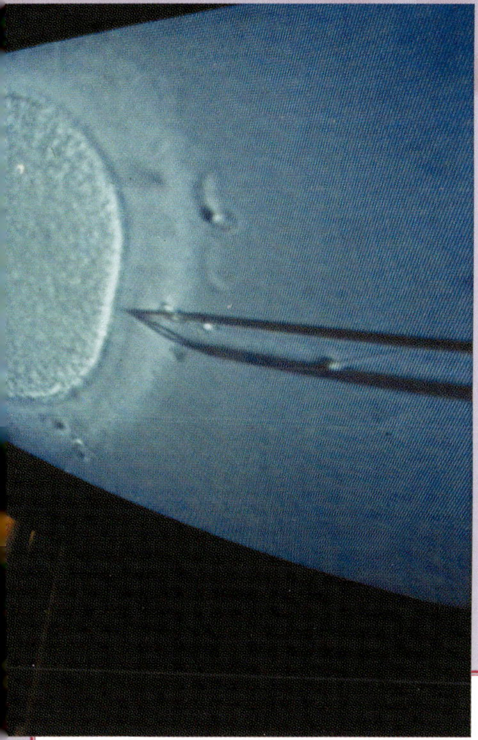

Intrazytoplasmatische Spermieninjektion (ICSI) ist ein Verfahren der künstlichen Befruchtung: Mikroinjektion von Spermien direkt in die Eizelle unter Monitorkontrolle. Eine Kanüle, in der sich ein Spermium befindet, wird direkt durch die Eihülle gestochen. Das Ei hat einen Durchmesser von 0,1 mm, das Spermium ist 0,06 mm lang.

Vortragsdia von Robert G. Edwards im Rahmen der Einführung der künstlichen Befruchtung (IVF) aus den 1970er Jahren mit Bezug auf die Ethik der embryonalen Frühentwicklung sowie embryonale Stammzellen

PURPOSES OF INTRODUCING HUMAN IVF

Infertility
Origin of chromosome disorders
Diagnosis of genetic disease in embryos
Contraception and fundamental knowledge on human conception
Stem cells from embryos
ETHICS OF EARLY HUMAN LIFE

Chronologie der Forschung an embryonalen Stammzellen

1961 • Identifizierung Blut bildender Stammzellen in Knochenmarktransplantaten (Till/McCullough)

1962 • Reife Eizellen aus menschlichen Eierstöcken werden systematisch gesammelt.
• Embryonale Stammzellen aus der inneren Zellmasse von Kaninchen-Blastozysten werden im Labor kultiviert und differenzieren in unterschiedliche Gewebe (Edwards).

1963 • Zelllinien von embryonalen Kaninchen-Stammzellen mit „unbegrenzter" Teilungsaktivität stehen zur Verfügung.

1967 • Durch Injektion von embryonalen Stammzellen in Maus-Blastozysten entstehen Chimären.

1969 • In-vitro-Befruchtung und -Ausreifung menschlicher Eizellen

1971 • In-vitro-Befruchtung und -Embryowachstum bis zum Blastozystenstadium beim Menschen.

1977 • Menschliche Embryonen werden bis zum 9. Tag kultiviert.
• Das Potenzial menschlicher embryonaler Stammzellen wird erkannt.

1980 • Isolierung embryonaler Stammzellen der Maus (Evans/Kaufman).

1984 • Erste Versuche, menschliche embryonale Stammzelllinien zu erzeugen, werden durchgeführt.

1990 • Weltweit beginnen Projekte zur Forschung mit menschlichen embryonalen Stammzellen.

1998 • Erstmals gelingt die Isolierung und Kultivierung menschlicher embryonaler Stammzellen (Thomson).

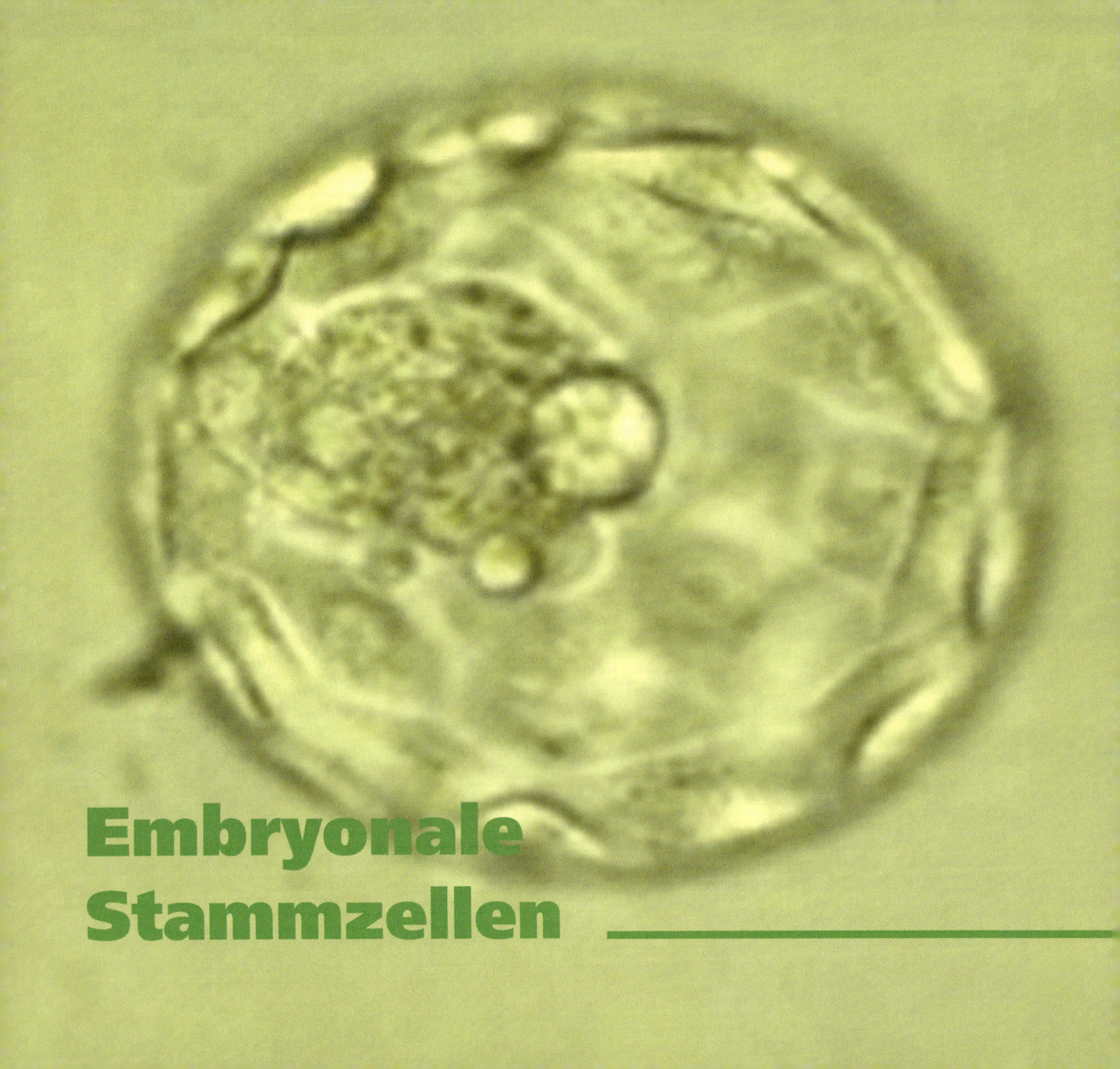

Embryonale Stammzellen

Wenn eine Zelle einmal zur Herzmuskelzelle oder Nervenzelle geworden ist, gibt es in der Regel kein „Zurück" mehr: Die jeweilige Körperzelle ist und bleibt, was sie geworden ist – Herzmuskelzelle oder Nervenzelle bzw. eine definierte Körperzelle eines bestimmten Zelltyps der mehr als 200 verschiedenen menschlichen Körpergewebe. Stammzellen hingegen, die in frühen embryonalen Entwicklungsstadien gefunden werden, sind in Bezug auf ihr weiteres Schicksal im Körper keineswegs auf einen bestimmten Zelltyp festgelegt. Embryonale Stammzellen können aus diesem Grund als eine der faszinierendsten Entdeckungen der Wissenschaft betrachtet werden. Sie eröffnen völlig neue Perspektiven für medizinische Therapien und für das Verständnis grundsätzlicher Mechanismen der Lebensentstehung – und sie markieren den Beginn einer neuen Ära der biologischen Medizin.

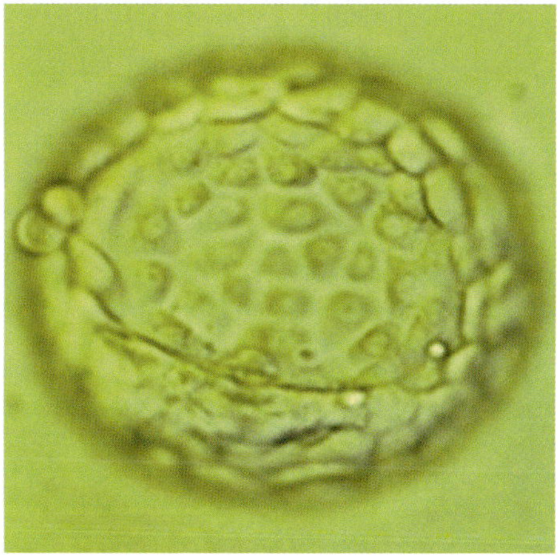

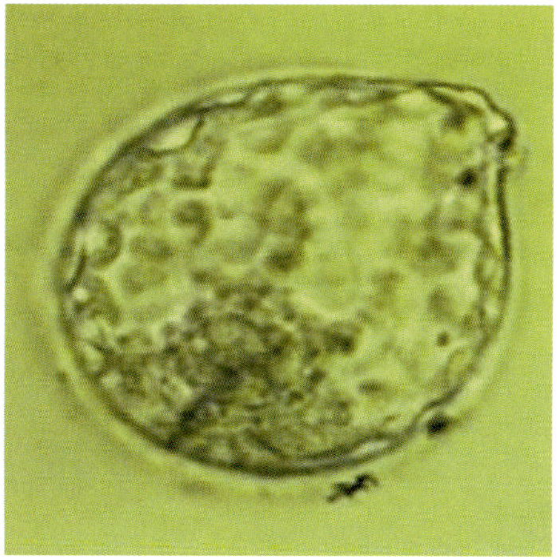

Das Objekt der embryonalen Stammzellenforschung: etwa fünf Tage alte menschliche Embryonen (Blastozysten) mit der inneren Zellmasse, die embryonale Stammzellen enthält

Blastozyste: Zellen mit Pluripotenz

Etwa ab dem vierten Tag nach der Befruchtung entwickelt sich aus der kugeligen Morula mit bis zu 32 Blastomeren eine mit Flüssigkeit gefüllte Hohlkugel, die Blastozyste (Durchmesser 100 Mikrometer; 60 bis 200 Zellen, je nach Alter). Zwei Strukturen sind unterscheidbar: eine äußere Zelllage, der so genannte „Trophoblast", der sich später zur Plazenta weiterentwickelt, und die „innere Zellmasse" (Embryoblast), die später den Embryokörper bilden wird. Es wird angenommen, dass die Flüssigkeit in der Blastozystenhöhle aus dem Trophoblasten stammt. Die Blastozyste liegt nun etwa zwei Tage lang frei in der Gebärmutterhöhle und die Zona pellucida löst sich langsam auf: Ungefähr am sechsten Tag nistet sich die von ihrer Hülle befreite Blastozyste in die Gebärmutterschleimhaut ein (Implantation).

Verläuft die embryonale Entwicklung ungestört weiter, bildet sich die Keimscheibe, aus der die drei embryonalen Keimblätter (Endoderm, Mesoderm, Ektoderm) hervorgehen, die wiederum formender Ursprung aller Körpergewebe des zukünftigen komplett entwickelten Lebewesens sind.

Man nimmt an, dass jede Blastomere eines 8-Zellen-Embryos „Totipotenz" besitzt. In der inneren Zellmasse der Blastozyste befinden sich hingegen embryonale Stammzellen mit „Pluripotenz": Sie sind „nur noch" zur Bildung unterschiedlicher Zelltypen für die späteren Körpergewebe befähigt, nicht mehr zur Bildung einer Plazenta. Vermutlich verlieren Blastomeren ihre Totipotenz deshalb, weil Teile des embryonalen Genoms „abgeschaltet" werden, so dass bei embryonalen Stammzellen aus der Blastozyste

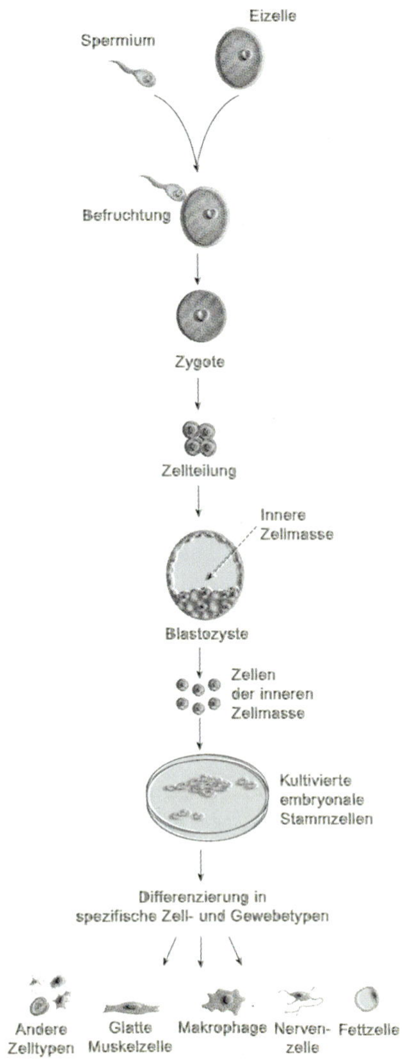

Schematische Darstellung zur Gewinnung und möglichen Differenzierung embryonaler Stammzellen

nur genetische Informationen für die Differenzierung und Selbsterneuerung der Zellen aktiviert bleiben.
Es sind diese embryonalen Stammzellen, deren Pluripotenz für die wissenschaftliche Grundlagenforschung und die Medizin so große Bedeutung besitzt. Gleichzeitig sind diese embryonalen Stammzellen auch ein wichtiger Gegenstand der ethischen Diskussion: Die Gewinnung embryonaler Stammzellen aus der Blastozyste zu medizinischen und Forschungszwecken führt unweigerlich zur Zerstörung des Embryos und zur Vernichtung eines möglichen menschlichen Individuums.

Kultivierte embryonale Stammzellen

Seit etwa zwanzig Jahren liegen Erfahrungen mit kultivierten embryonalen Stammzellen vor. In den frühen 1990er Jahren wurden Zellen mit Eigenschaften embryonaler Stammzellen auch bei Ratten, Kühen, Schafen, Schweinen und Affen nachgewiesen. Und im Jahr 1998 gelang es James Thomson, auch menschliche embryonale Stammzellen zu isolieren und zu kultivieren. Angaben aus den USA zufolge existieren mehr als 65 genetisch unterschiedliche Zelllinien (in Kultur gehalten). Man muss aktuell jedoch von einer weit höheren Anzahl von

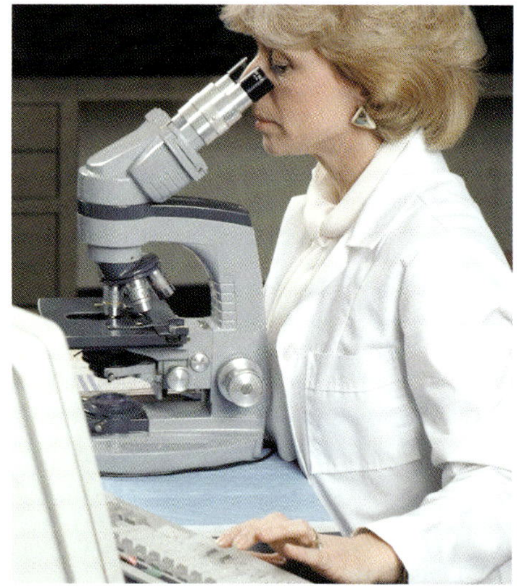

Stammzelllinien ausgehen, die von Unternehmen und Universitätsinstituten in den USA, Schweden, Indien, Australien und Israel hergestellt und teilweise vermarktet werden. Verbindliche internationale Standards für die Charakterisierung und Qualität dieser Zelllinien fehlen allerdings. Dem hohen Qualitätsanspruch vieler Forscher genügen nur wenige Stammzelllinien. Es gibt Mitteilungen, dass kultivierte Zelllinien menschlicher embryonaler Stammzellen bis zu 300 bis 400 Selbstverdoppelungszyklen absolviert haben, also mehr als zehn Monate in Kultur gehalten werden konnten. Bisher beschriebene Zelllinien reproduzieren sich etwa alle 36 Stunden selbst. Embryonale Stammzellen in Kulturflüssigkeit

Kennzeichen embryonaler Stammzellen

- Unbegrenzte Vermehrung in undifferenziertem Zustand (Selbsterneuerung)
- Im Lebendorganismus (in vivo) sowie im „Reagenzglas" (in vitro unter geeigneten Kulturbedingungen) Differenzierung in alle drei embryonalen Keimblätter, aus denen die verschiedenen Körpergewebe hervorgehen können
- Potenzielle Differenzierung in alle Zelltypen des erwachsenen Organismus (Pluripotenz), inklusive der Keimzellen (nach Injektion in fremde Blastozysten)

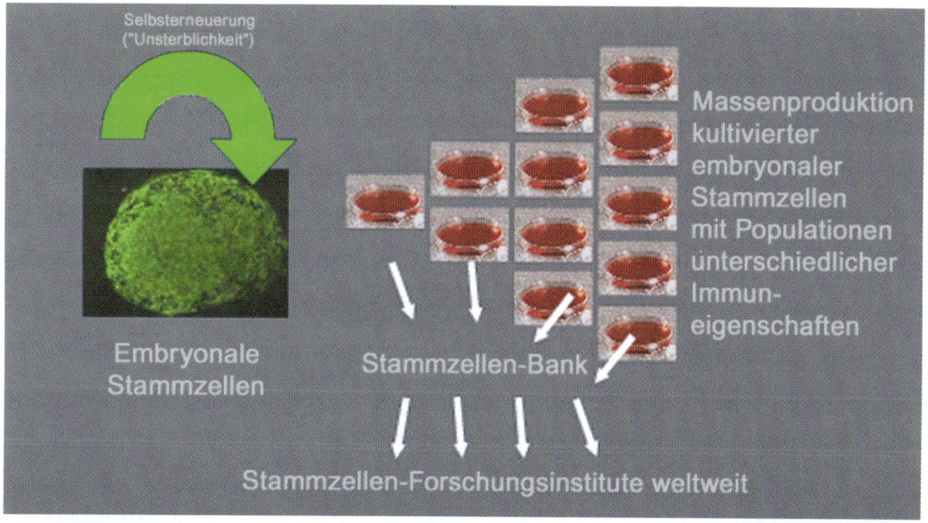

Isolierte menschliche embryonale Stammzelle nach der 35. Selbsterneuerungspassage

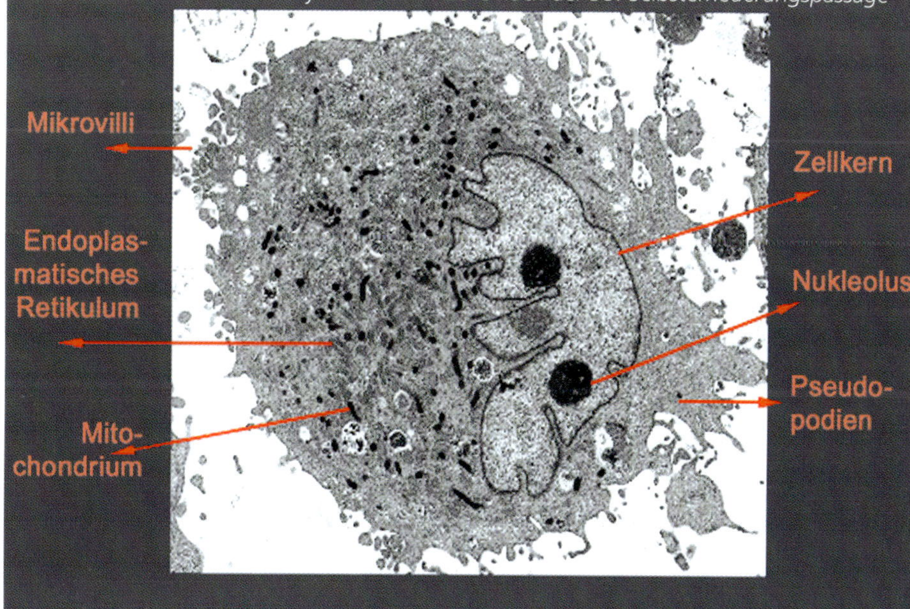

bilden komplexe dreidimensionale Zellhaufen, so genannte *embryoid bodies*, die keine Embryonen sind. Ob sich Keimblätter bilden, hängt davon ab, welche Kulturbedingungen gewählt wurden. Es gibt Proliferations- und Differenzierungsbedingungen. Unter geeigneten Kulturbedingungen (etwa Zugabe von Wachstumsfaktoren) bilden sich beispielsweise vor allem Blutvorläuferzellen.

Die meisten Erwartungen der Forschung und Medizin in Bezug auf die Perspektiven embryonaler Stammzellen wurden aus den Mausexperimenten der vergangenen Jahrzehnte abgeleitet: Aus embryonalen Mausstammzelllinien konnten Fettzellen, Hirn- und Nervenzellen, Blutzellen, Dottersackzellen, Insulin produzierende Zellen, Knochenzellen, Gefäßzellen, primitive endodermale Zellen, glatte und gestreifte Muskelzellen sowie Herzmuskelzellen gewonnen werden. Die für die erfolgreiche Kultivierung von menschlichen embryonalen Stammzellen notwendigen Techniken wurden gleichfalls im Tierversuch entwickelt.

Aus menschlichen *embryoid bodies* konnten definitiv differenzierte Gewebezellen gewonnen werden, nachgewiesen durch bestimmte Genprodukte oder die charakteristische Zellform: rhythmisch sich kontrahierende Herzmuskelzellen, pigmentierte und nicht pigmentierte Hautzellen, Nervenzellenfortsätze (Axone, Dendriten), Kolonien menschlicher Blutvorläuferzellen und ausdifferenzierte Blutzellen.

Dass diese Zellen charakteristische Eigenschaften von Zellen diverser Gewebe annehmen konnten, beweist aber noch nicht, dass auf solche Weise Zellen, die aus medizinischen Gründen erwünscht sind, einfach zu „machen" wären. Es gibt nur sehr wenige Beispiele, in denen es gelungen ist, normale zelluläre Entwicklung aus Stammzellen Schritt für Schritt im Labor nachzuvollziehen.

In den meisten Versuchen dieser Art wurden vielmehr nur vordifferenzierte Zellen implantiert und man vertraute darauf, dass der Wirtsorganismus die für die Ausreifung notwendigen Signale bereitstellt. In einem erkrankten Organ wird aber gerade dieser Beitrag des Wirts zweifelhaft sein. Und in jedem Fall wird es nicht ausreichen, nur ein paar charakteristische Eigenschaften zu untersuchen, um sagen zu können, dass die neu gebildeten Zellen auch wirklich funktionieren. Solche grundsätzlichen Probleme von Zelltransplantationen gelten auch für adulte Stammzellen.

Wesentliche Fragen der embryonalen Stammzellforschung sind noch offen:

- Welche genetischen und Umgebungsfaktoren bestimmen Pluripotenz?
- Gibt es einen Weg zurück von Pluripotenz zur Totipotenz? Können aus embryonalen Stammzellen Keimbahnzellen entstehen?
- Sind unbegrenzte Vermehrbarkeit und Pluripotenz aneinander gekoppelt oder sind diese Eigenschaften auch einzeln zu haben?

Um menschliche embryonale Stammzellen in großem Maßstab zu kultivieren, müssen diese auch ohne *Feeder Layer*, das sind Nährzellschichten aus anderen, vor allem tierischen Zellen, wachsen können. Hier gibt es noch zahlreiche Schwierigkeiten und Probleme, die die Verfahrenstechnik betreffen.

Therapeutische Chancen mit embryonalen Stammzellen

James Thomson, dem 1998 erstmals die Isolierung und Kultivierung menschlicher embryonaler Stammzellen gelang, sagte voraus, dass kultivierte embryonale Stammzellen eines Tages eine praktisch unbegrenzte Quelle von Zellmaterial für Transplantationszwecke (Leber, Nervensystem, Bauchspeicheldrüse) sein könnten. Andere Stammzellenforscher denken etwa an die Verbesserung des Transplantationserfolgs mit ganzen Organen unter Verwendung von embryonalen Stammzellen.

Blutstammzellen menschlicher embryonaler Stammzellen könnten bei gleichzeitiger Unterdrückung des Abwehrsystems (Immunsuppression) in das Blutsystem des Transplantatempfängers eingebracht werden. Jedes weitere, von denselben embryonalen Stammzellen gewonnene Gewebeimplantat (etwa Nieren oder Bauchspeicheldrüse) würde zu keiner Abstoßungsreaktion führen, da das Blutsystem des Empfängers das implantierte Gewebe dann nicht mehr als „fremd" einstuft.

Dies ist allerdings noch Zukunftsmusik: Niemandem ist es bisher gelungen, weder beim Tier noch beim Menschen, durch embryonale Stammzellen ganze Organfunk-

tionen im lebenden Organismus wiederherzustellen. Techniken zur präzise gesteuerten Organregeneration mit embryonalen Stammzellen fehlen noch.
Tierexperimentelle Ergebnisse weisen allerdings auf das große therapeutische Potenzial embryonaler Stammzellen beim Menschen hin: Aus embryonalen Stammzellen erzeugte Insulin produzierende Zellen wurden erfolgreich diabetischen Mäusen implantiert und führten zu einer teilweisen Normalisierung des gestörten Zuckerstoffwechsels. Darüber hinaus gelang es gleichfalls tierexperimentell die Symptomatik einer Parkinson-Erkrankung mit Hilfe von embryonalen Stammzellen zu verbessern. Auch über die Transplantation von embryonalen Stammzellen in verletztes Rückenmark von Versuchstieren und die teilweise erfolgreiche Wiederherstellung der Nervenfunktionen wurde berichtet.

Risiken und Probleme mit embryonalen Stammzellen

Gegenwärtig ist keineswegs klar, dass die Ergebnisse von Tierexperimenten ohne Weiteres auf Menschen übertragen werden können. Vor einer Anwendung menschlicher embryonaler Stammzellen würden Versuche mit Primaten (etwa Rhesusaffen) durchgeführt werden müssen.
Sowohl Transplantations- als auch Kontrollverfahren sind noch zu entwickeln. Auch die Infektionsgefahr durch Viren muss eliminiert werden. Zwar ist nachgewiesen, dass die Chromosomen kultivierter menschlicher embryonaler Stammzellen stabil sind, zufällige Mutationen bei der Zellteilung können aber nicht ausgeschlossen werden. Diese Problematik ist bei den existierenden menschlichen embryonalen Stammzelllinien bisher nicht überzeugend untersucht.
Sollten embryonale Stammzellen für therapeutische Zwecke genutzt werden, muss eine große Zahl menschlicher Stammzelllinien zur Verfügung stehen, mit nicht unbedingt identischen Eigenschaften. Vorsichtige Schätzungen gehen von 100 bis 1.000 menschlichen Stammzelllinien aus, die European Science Foundation rechnet sogar mit Zellbanken, die bis zu 4.000 menschliche Stammzelllinien aufbewahren!
Bevor menschliche embryonale Stammzellen zur Behandlung von Krankheiten beim Menschen eingesetzt werden können, müssen mögliche Risiken erkannt, verringert oder beseitigt werden. Zwei bekannte Risiken sind die mögliche Tumorbildung und immunologische Abwehrreaktionen.
Dass in Lebendorganismen injizierte menschliche embryonale Stammzellen gutartige Tumoren erzeugen können, hatte sich bereits in den Anfängen der Stammzellforschung gezeigt. Ergebnisse anderer Studien belegen, dass nach der Injektion von embryonalen Stammzellen keine Tumorbildung zu beobachten ist, wenn die Zellen vor der Implantation mit dem Differenzierungsprozess begonnen hatten.
In jedem Fall existiert ein potenzielles Risiko, dass embryonale Stammzellen Teratome oder gar Teratokarzinome bilden können. Die Kulturen müssten daher absolut rein sein, um dieses Risiko bestmöglich auszuschalten. Schon eine einzige embryonale Stammzelle, die mittransplantiert wird, kann Tumorwachstum auslösen. Es spricht deshalb nicht sehr viel dafür, dass die embryonalen Stammzellen selbst sicher transplantiert werden können.
Aus vielen Gründen ist es noch zu früh, um den Nutzen menschlicher embryonaler Stammzellen für die Medizin abzuschätzen:

- Wie weit müssen die embryonalen Stammzellen vor einer Implantation vordifferenziert werden?
- Kann man in die Stammzellen eine gentechnische „Notbremse" einbauen, die sie absterben lässt, sobald eine Tumorentwicklung einsetzt?
- Ist Pluripotenz wirklich immer nützlich und erwünscht? In der Regel soll ja nur ein einzelner Zelltyp gewonnen werden.

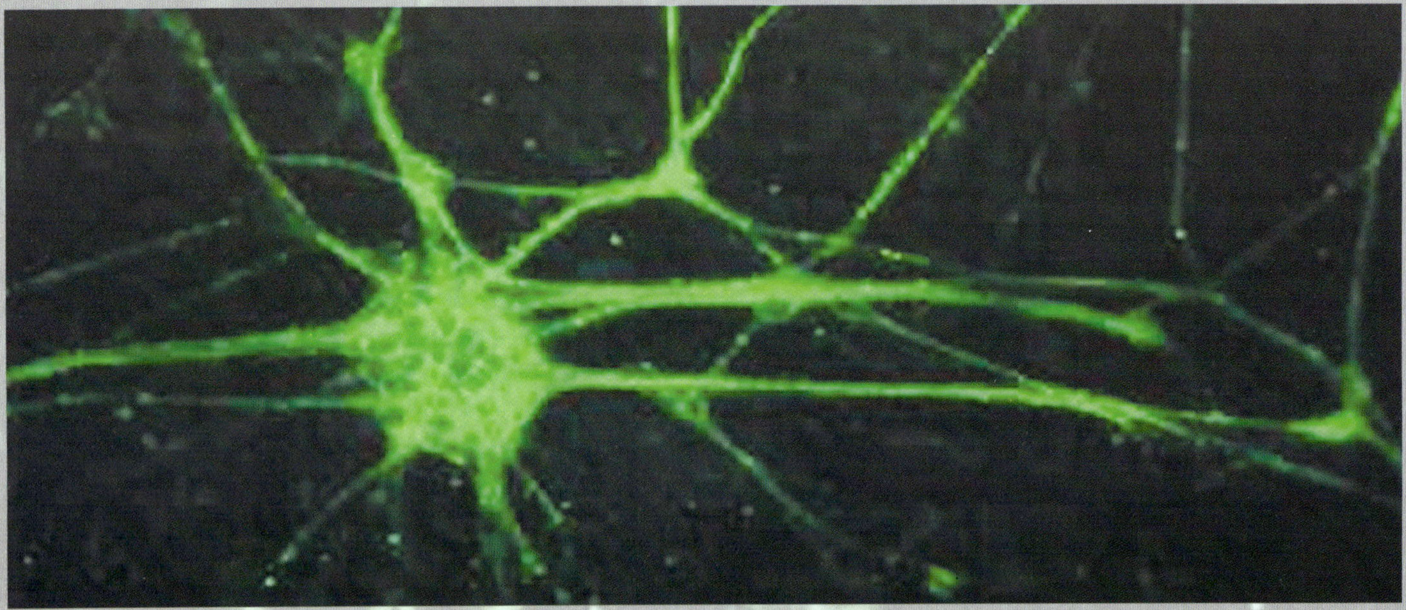

Fluoreszierende N-CAM-Darstellung einer Nervenzelle mit typischen Zellausläufern (Dendriten), die aus einer embryonalen Stammzelle entstanden ist

Wäre „weniger" Pluripotenz also „mehr"?

- Wie können Forscher gewährleisten, dass die Zellen auch wirklich terminal in den gewünschten Zelltyp differenzieren?
- Wie wird die Differenzierung überhaupt gesteuert? Welche Rolle spielt das Wirtsgewebe bei der Implantation? Welche Rolle spielt das Wirtsgewebe vor allem dann, wenn es erkrankt ist?

Auch eine potenzielle Stammzellentherapie wird sich mit den Problemen auseinander setzen müssen, die jede Art von Transplantation betrifft: Infektion und Transplantatabstoßung. Es wird zwar vermutet, dass embryonale Stammzellen in geringerem Umfang Abwehrreaktionen provozieren als ganze transplantierte Organe – ob dies auch für Gewebe gilt, das von embryonalen Stammzellen produziert wurde, ist unklar. Manche aus embryonalen Stammzellen gewonnene Zelltypen rufen starke Abwehrreaktionen hervor (etwa Nerven-, Gefäß- und Immunzellen), andere Zelltypen (etwa Lebergewebe) sollen schwächere Reaktionen erzeugen. Auch im Gehirn wären, aufgrund des „Immunprivilegs" des ZNS, Transplantationen möglicherweise weniger problematisch.

Nach aktuellen wissenschaftlichen Erkenntnissen muss man davon ausgehen, dass im Regelfall die Unterdrückung des Immunsystems (Immunsuppression) mit allen Risiken (Infektion, Toxizität) bei der Transplantation von embryonalen Stammzellen zwingend erforderlich wäre. Unklar bleibt auch, ob bei Transplantationen das kranke Wirtsgewebe die notwendigen Signale zur Zelldifferenzierung oder zum Erhalt der Funktion der transplantierten Zellen aktivieren kann.

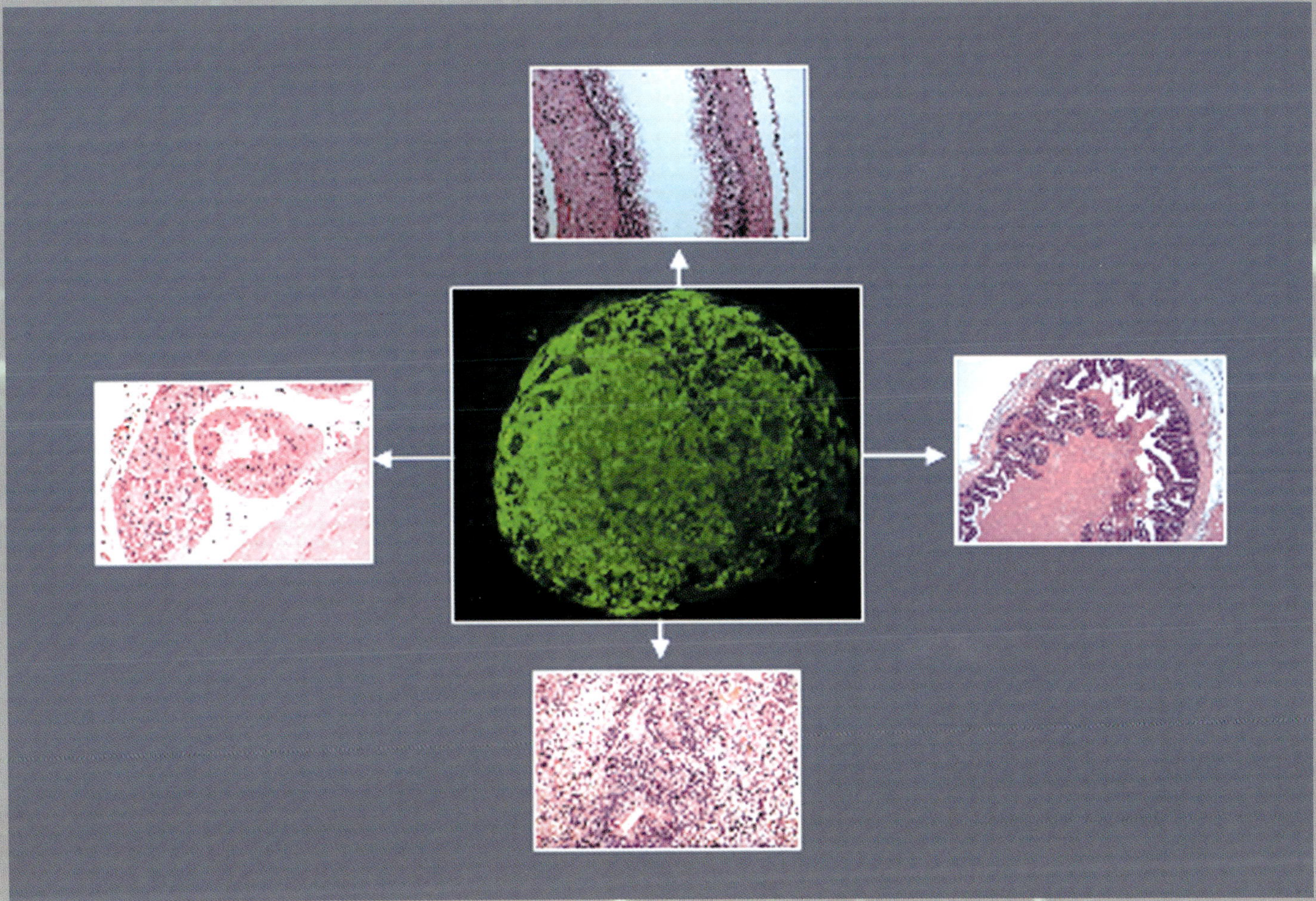

Aus einer embryonalen Stammzelle kann unterschiedliches Körpergewebe entstehen: Die Pluripotenz embryonaler Stammzellen kann in entsprechender Umgebung im Körper zur Bildung etwa von Muskelgewebe, von primitivem Lungen- oder Darmgewebe bzw. im Prinzip zu jedem möglichen Körpergewebe führen. Die Mechanismen, die zur Bildung differenzierter Typen von Gewebezellen führen, sind aber noch weitgehend unklar. Bis zur therapeutischen Anwendung von Stammzellentransplantaten bei Patienten werden noch viele Jahre, wenn nicht Jahrzehnte vergehen.

Adulte Stammzellen

„Der regenerative Prozess ist eines der fundamentalsten Attribute lebender Wesen." Thomas Hunt Morgan

Der Organismus des erwachsenen Menschen verfügt noch über die Fähigkeit, verletztes oder geschädigtes Körpergewebe zu ersetzen bzw. zu regenerieren: Verletzte Haut wird erneuert und Haare wachsen nach. Natürlicher Zelltod, Degeneration und Verletzungsereignisse erfordern ein wirksames Instrument zur „Reparatur" und zum Ersatz von Körperzellen, um die Organfunktion und das Überleben eines Individuums abzusichern. Man weiß heute, dass die Regenerationsfähigkeit des Organismus auf der Existenz von Stammzellen beruht: adulte (somatische) Stammzellen. Diese adulten Stammzellen besitzen wie embryonale Stammzellen die Eigenschaft, sich selbst zu erneuern oder sie können den Differenzierungsweg zu einem bestimmten reifen Zelltyp einschlagen.

Vor etwa 40 Jahren wurde erstmals ein Zelltyp identifiziert, der zur Selbsterneuerung und Differenzierung im erwachsenen Organismus befähigt ist: Hämatopoetische Stammzellen, die sich im Knochenmark kontinuierlich selbst erneuern und in voll funktionsfähige Zelltypen des Blutsystems differenzieren können. Die Hoffnung, dass man eines Tages viele Krankheiten mit Stammzellen behandeln kann, gründet sich auf den großen Erfolg der seit langem etablierten Transplantation von Knochenmark (das hämatopoetische Stammzellen enthält) bei Leukämie und anderen Krebs-, bei erblichen Blut- und bei Immunerkrankungen. Adulte Stammzellen wurden im Blut, in der Leber, der Haut, im Haarfollikel, im Darmgewebe und zahlreichen anderen Körpergeweben beobachtet. Aber auch in Geweben, die bislang als nicht regenerationsfähig galten, haben sich adulte Stammzellen nachweisen lassen, beispielsweise in Nervengewebe. Gegenwärtig sind etwa 20 verschiedene Typen adulter Stammzellen bekannt.

Plastizität adulter Stammzellen

Bis vor wenigen Jahren glaubte man, dass adulte Stammzellen sich nur in Zelltypen eines einzigen Organsystems differenzieren könnten – so würden etwa hämatopoetische Stammzellen ausschließlich Zellen des Blutsystems bilden. Die Forschung mit adulten Stammzellen in jüngster Zeit erbrachte jedoch erstaunliche Resultate: Unter bestimmten Bedingungen beteiligten sich hämatopoetische Stammzellen auch an der Produktion anderer Gewebetypen. Es war durchaus überraschend, dass ein Bestandteil des Blutsystems die entwicklungsgeschichtliche Barriere überschreiten und Gewebe bilden konnte, das vollkommen anderen embryonalen Ursprungs war. Im Tierversuch wurde beobachtet, dass nach einer Knochenmarktransplantation aus hämatopoetischen Stammzellen auch Muskel-

Haare wachsen lebenslang nach und verletzte Haut heilt in der Regel spontan ab. In begrenztem Umfang verfügt auch der erwachsene Organismus noch über Regenerationsfähigkeit.

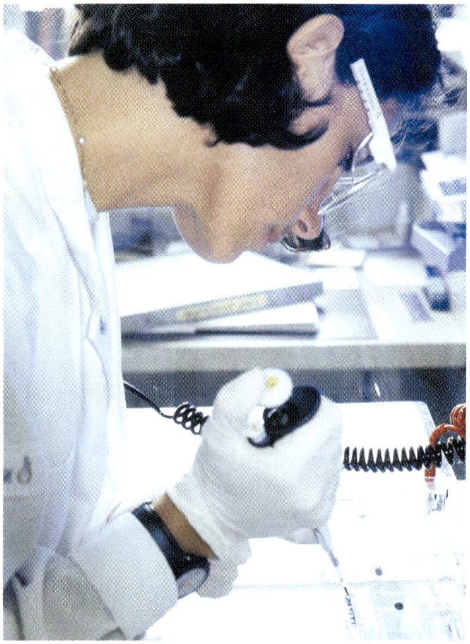

Die Medizin setzt große Hoffnung auf die Erforschung der Differenzierungsmechanismen adulter Stammzellen.

und Herzmuskelzellen, Epithelzellen der Lungen, des Darms und der Haut entstanden – also Gewebetypen aller drei embryonalen Keimblätter (Endo-, Meso-, Ektoderm).

Es gelang gleichfalls im Tierversuch, aus adulten neuralen Stammzellen im Lebendorganismus sowie in Zellkultur Muskelzellen zu erzeugen. Umgekehrt differenzierten muskuläre adulte Stammzellen, die in Versuchstiere mit zerstörtem Knochenmark implantiert worden waren, zu hämatopoetischen Zellen aus. Adulte Stammzellen aus dem Knochenmark zeigten auch in anderen Geweben Entwicklungspotenzial, etwa bei der Regeneration von Leber- und Hirngewebe sowie von Herzmuskelgewebe.

Die Mechanismen der Plastizität adulter Stammzellen sind jedoch weitgehend unerforscht. Eine Möglichkeit wäre etwa, dass die Zellen nicht transdifferenzieren, sondern zunächst auf die Stufe eines gemeinsamen Vorläufers der beiden Gewebetypen „de-differenzieren", um dann den neuen Entwicklungspfad einzuschlagen – ein fundamentaler Unterschied zur Transdifferenzierung. Es gibt Hinweise darauf, dass auch „mehr-als-multipotente" Zellen in den Geweben existieren könnten.

Sollte sich bestätigen lassen, dass hämatopoetische Stammzellen echte pluripotente Eigenschaften haben, würde dies außerordentlich bedeutende Perspektiven für die Medizin eröffnen. Vor dem gezielten therapeutischen Einsatz adulter Stammzellen liegt aber noch ein weiter Weg für die Forschung und die wissenschaftliche Medizin.

Adulte Stammzellen als Heilmittel?

Adulte Stammzellen sind nicht nur als Quelle möglicherweise transplantierbarer Zellen, sondern auch deshalb von Interesse, da sie die Regeneration vor Ort im Zielgewebe erlauben könnten. Die Stimulation endogener Stammzellen zur Regeneration ist der attraktivste Vorteil adulter Stammzellen – mit embryonalen Stammzellen gelingt dies in keinem Fall.

Tierexperimentelle Forschungsergebnisse der jüngsten Zeit haben ein vollkommen neues Licht auf diese erstaunliche körpereigene Fähigkeit zur Regeneration geworfen. Auch hier ist vieles noch unklar und wird kontrovers diskutiert.

Auch Anwendungen in der Transplantationsmedizin bieten aus verschiedenen Gründen faszinierende Möglichkeiten:

- Adulte Stammzellen sind dazu prädestiniert, bestimmte Gewebe zu erzeugen, die aus unterschiedlichen Zelltypen zusammengesetzt sein können und enthalten alle gewebetypischen Kennzeichen, die für die Transplantation in den Patienten erforderlich sind.
- Manche adulte Stammzellen können offensichtlich bevorzugt in verletztes oder schwer zugängliches, erkranktes Gewebe einwandern. Dieses Phänomen ist hochinteressant und kann vielleicht eines Tages ausgenutzt werden, um Arzneistoffe, Wachstumsfaktoren oder andere Substanzen in geschädigtes Körpergewebe zu bringen.

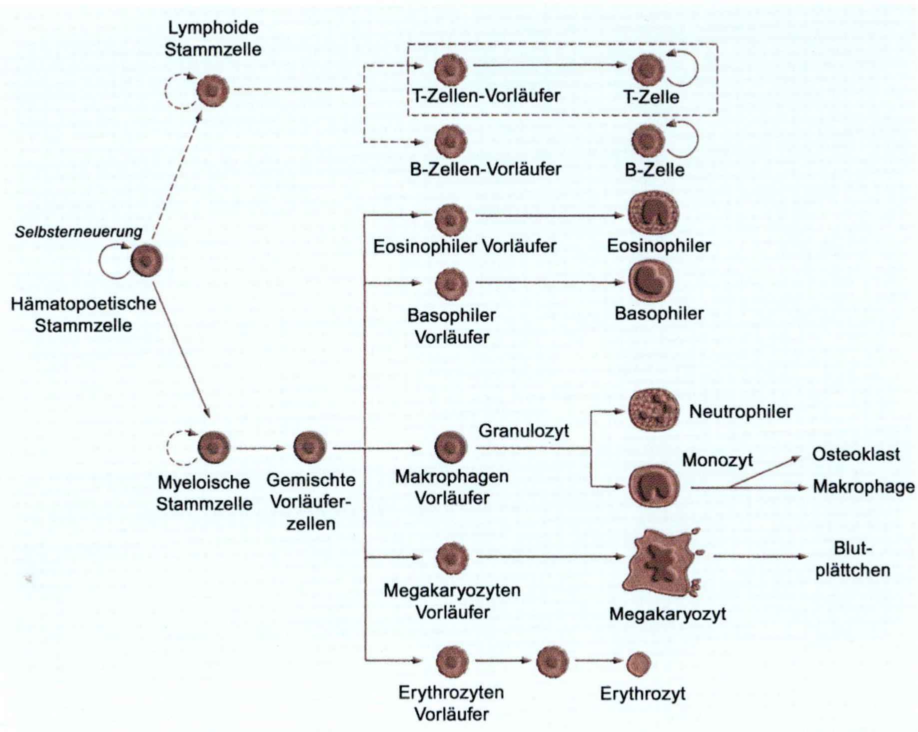

Blutzellen-Differenzierung aus hämatopoetischen Stammzellen, die sich selbst erneuern und in Vorläuferzellen der verschiedenen Blutzelltypen differenzieren können

- Man könnte sich auch vorstellen, dass adulte Stammzellen genetisch so verändert werden können, dass sie in größerem Umfang körpereigene Substanzen bilden, um ein krankhaftes Defizit dieser Substanz im Gewebe des Patienten auszugleichen.

Blut bildendes System: Hämatopoetische Stammzellen

Stammzellen des Blut bildenden Systems (hämatopoetische Stammzellen) sind das bislang am besten untersuchte adulte Stammzellensystem und gehören zu den wenigen Stammzellen, die im erwachsenen menschlichen Organismus isoliert werden konnten. Hämatopoetische Stammzellen befinden sich im Knochenmark und wandern unter bestimmten Umständen auch in andere Körpergewebe ein – beispielsweise in der fetalen Leber und Milz, im Nabelschnur- und Plazentablut gibt es solche Stammzellen. Im Knochenmark sind sie allerdings selten zu finden, nur etwa einmal pro 10.000 Knochenmarkzellen. Beim Menschen können hämatopoetische Stammzellen durch eine Punktion des Knochenmarks oder aus dem peripheren Blut gewonnen werden. Wachstumsfaktoren stimulieren die Ausschwemmung hämatopoetischer Stammzellen aus dem Knochenmark.

Die große Bedeutung hämatopoetischer Stammzellen als Heilmittel wird nicht nur in Ergebnissen von Versuchen mit Mäusen deutlich – auch bei Menschen, deren Knochenmark zerstört war, gelang durch Injektion hämatopoetischer Stammzellen die lebenslang anhaltende Regeneration des gesamten Blut bildenden Systems (alle hämato-lymphoiden Zelltypen).

Die Nutzung hämatopoetischer Stammzellentransplantate bei Patienten ist zwar durch die geringe Verfügbarkeit der für eine erfolgreiche Transplantation geeigneten Mengen hochgereinigter hämatopoeti-

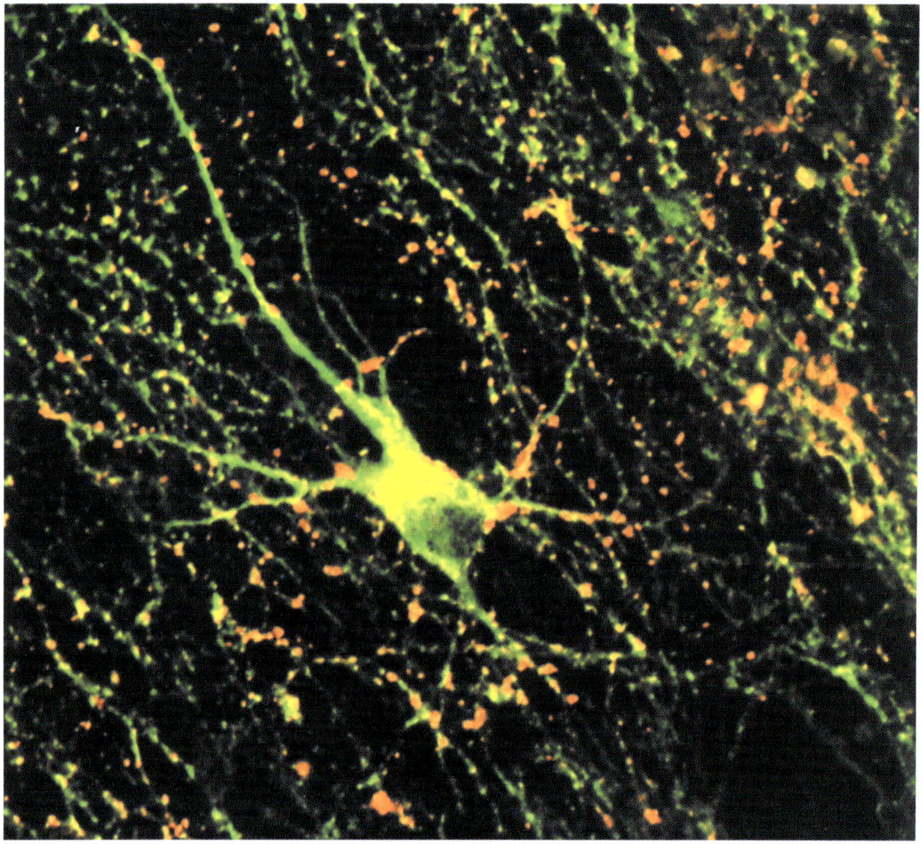

Eine aus embryonalen Stammzellen abgeleitete Nervenzelle, die synaptisches Vesikelprotein (rot) produziert

scher Stammzellen begrenzt, dennoch ist die Stammzellentransplantation eine Art Standardtherapie in der Hämatologie geworden – die einzige verfügbare und erfolgreiche Anwendung von Stammzellen in der klinischen Routine, ein echter medizinischer Fortschritt. Wenn Stammzellen etwa des Krebspatienten selbst (aus prophylaktisch eingefrorenem Eigenblut) transplantiert werden, ist keine Abstoßung zu befürchten. Ein Restrisiko, dass nicht eliminierte Krebszellen mit dem Stammzellentransplantat erneut zugeführt werden, bleibt. Bei hoch gereinigten und hoch konzentrierten hämatopoetischen Stammzellen kann (tierexperimentell belegt) das Abstoßungsrisiko sehr deutlich vermindert sein. Zuverlässige Aufreinigungs- und Konzentrationsverfahren zur Gewinnung hämatopoetischer Stammzellen werden die therapeutischen Möglichkeiten weiter verbessern.

Nervensystem: Neurale Stammzellen

Noch bis vor kurzem galt das Nervensystem auf der Ebene von Zellen als nicht regenerationsfähig, man nahm an, dass nach der Geburt die Produktion von Nervenzellen beendet ist. Dem ist nicht so: Studienergebnisse verweisen darauf, dass im fetalen und im erwachsenen Gehirn neurale Stamm- und Vorläuferzellen existieren. In bestimmten Hirnbereichen (subventrikuläre Zone, Hippocampus) sind neurale Stammzellen gefunden worden, die sowohl sich selbst erneuern als auch in die drei wichtigsten Zelltypen des zentralen Nervensystems (Astrozyt, Oligodendrozyt) differenzieren können. Im Gegensatz zu hämatopoetischen Stammzellen lassen sich neurale Stammzellen auch außerhalb des Körpers in Kultur gut vermehren. Allerdings ist noch ungeklärt, welche Funktionen und Aufgaben neurale Stammzellen im erwachsenen Gehirn übernehmen. Möglicherweise benötigt auch das erwachsene Gehirn in einzelnen Hirnregionen noch neue Nervenzellen. Es ist sogar möglich, dass dies eine Rolle für Lern- und Gedächtnisvorgänge spielt. Im Hippocampus können Umweltreize die Bildung neuer Nervenzellen anregen. Stammzellen kommen aber im gesamten Gehirn vor, auch in Regionen, in denen normalerweise keine neuen Nervenzellen entstehen.

Die Bedeutung der Stammzellen für die Funktion des normalen und erkrankten Gehirns ist deshalb noch unbekannt. Bei bestimmten Erkrankungen, zum Beispiel eine Form der Epilepsie (Temporallappenepilepsie), könnte eine fehlgesteuerte Stammzellenfunktion sogar zur Entstehung der Erkrankung beitragen! Umgekehrt sind vielleicht auch ganz neuartige therapeutische Ansätze denkbar:

- Einerseits gehen viele Bemühungen dahin, Regeneration aus endogenen Stammzellen im Organismus selbst zu fördern, statt Zellen zu implantieren.
- Andererseits könnten die Stammzellen unter Umständen selbst die Zellen sein, die der Therapie bedürfen, etwa mit Arzneistoffen. Diese Forschung steckt erst in ihren Anfängen.

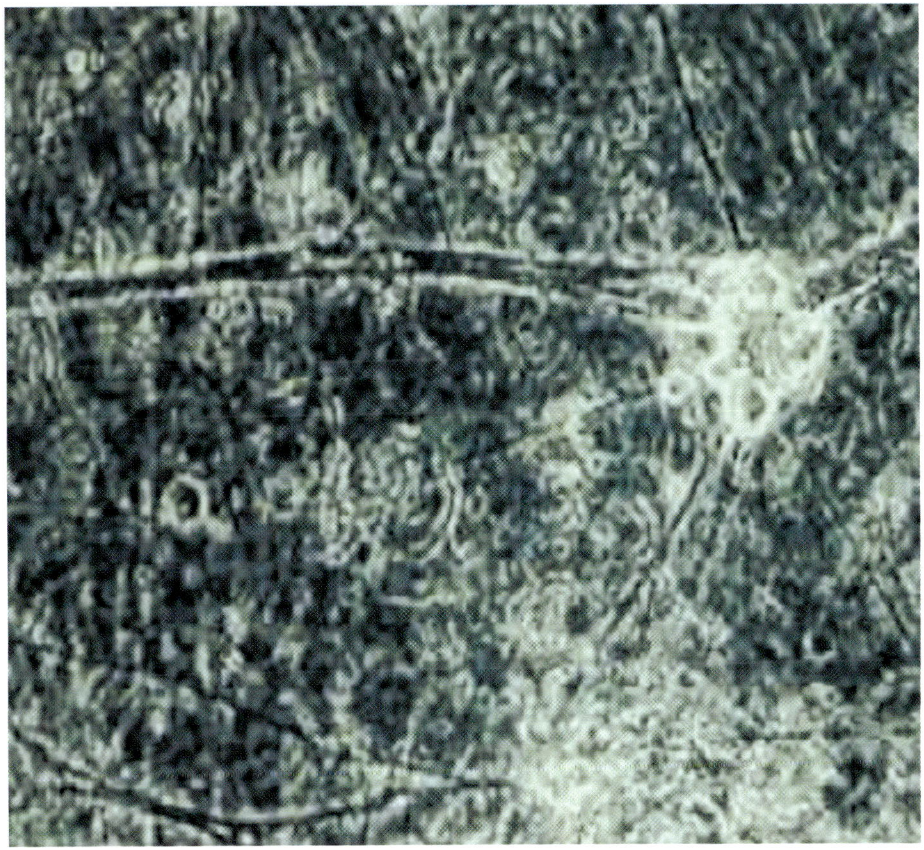

Mikroskopische Aufnahme einer Nervenzelle mit ihren Ausläufern (Dendriten). Auch im erwachsenen Gehirn sind neurale Stammzellen mit Regenerationspotenzial gefunden worden.

Mesenchymale Stammzellen

Im Knochenmark und im Nabelschnurblut befinden sich außer hämatopoetischen noch andere Stammzellen, deren Ursprung das so genannte „Mesenchym“ (Muttergewebe von Binde- und Stützgeweben) ist. Bereits in den 1970er Jahren wurden im Knochenmark bindegewebeartige Vorläuferzellen gefunden und in jüngster Zeit gelang es, mesenchymale Stammzellen aus Fettgewebe zu gewinnen, die sich in Knor-

pel-, Knochen-, Muskel- und Sehnenzellen differenzieren und kultivieren ließen.
In Studien sind die Eigenschaften solcher mesenchymaler Stammzellen aus dem Knochenmark freiwilliger Spender untersucht worden: Die im Labor kultivierten Stammzellen erwiesen sich in Bezug auf ihre Form (phänotypisch) stabil und besaßen die Fähigkeit zur Selbsterneuerung. Durch Zugabe bestimmter Faktoren bildete sich aus solchen mesenchymalen Stammzellen Fett-, Knorpel- und Knochengewebe.
Die Medizin erhofft sich auch hier neue Erkenntnisse über zelluläre Differenzierungsmechanismen sowie neue Möglichkeiten zur Behandlung erkrankter oder verletzter Körpergewebe.

Risiken und Probleme mit adulten Stammzellen

Erkenntnisse über die genauen biologischen Mechanismen adulter Stammzellen fehlen noch weitgehend. Die Erforschung adulter Stammzellen blickt gegenwärtig auf zahlreiche Schwierigkeiten, die bewältigt, und auf unterschiedliche Risiken, die beherrscht werden müssen.

- Vor einer therapeutischen Anwendung muss gewährleistet sein, dass ausschließlich die beabsichtigte Wirkung erzielt wird.
- Adulte Stammzellen sind schwer zu gewinnen, sie sind schwierig zu kultivieren und zu reinigen. Mit wenigen Ausnahmen gibt es für die meisten adulten Stammzellen noch keine geeigneten Kulturbedingungen, unter denen sie sich unbegrenzt vermehren lassen.
- Noch ist vollkommen unklar, welche Rolle die zelluläre Umgebung spielt, in der sich eine adulte Stammzelle normalerweise aufhält bzw. in die sie transplantiert wird. So zeigte sich im Tierversuch, dass Vorläuferzellen der Netzhaut (Retina) des Auges in Zellkultur wachsen und sich zu Fotorezeptorzellen entwickeln – transplantiert man solche Vorläuferzellen in ein gesundes Auge, werden sie nicht akzeptiert. Im kranken Auge bilden sie hingegen Fotorezeptorzellen – ob diese Zellen richtig funktionieren, ist nicht bekannt.
- Über die Plastizität adulter Stammzellen in Bezug auf die jeweilige zelluläre Gewebeumgebung wissen wir fast nichts. Niemand kennt bislang die Signalmechanis-

Gentherapie: Adulte Stammzellen könnten genetisch so verändert werden, dass sie nach einer Transplantation im Körper des Patienten therapeutisch wirksame Arzneistoffe bilden.

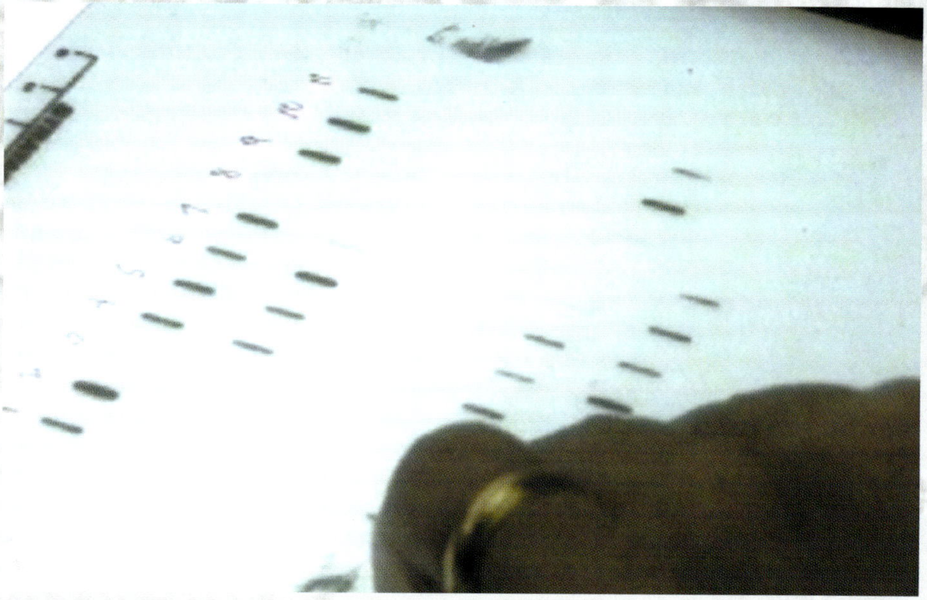

men der Plastizität adulter Stammzellen. Darüber hinaus wurden viele Beobachtungen mit Stammzellen in abnormer oder „zu normaler" Umgebung gemacht und können deshalb nicht auf die Verhältnisse in einem erkrankten Organ übertragen werden.

Der exakte Nachweis, dass adulte Stammzellen im lebenden Organismus tatsächlich voll funktionsfähige Zellen eines bestimmten Typs produziert haben, fehlt. Man kann wahrscheinlich nicht davon ausgehen, dass Beobachtungen und Befunde aus Versuchen mit kultivierten Stammzellen mit den Effekten adulter Stammzellen im lebenden Organismus übereinstimmen werden.

Die Wissenschaft beginnt erst langsam zu verstehen, welche biochemischen Signale eine adulte Stammzelle zur Bildung eines differenzierteren Zelltyps veranlassen. Wenn diese Mechanismen bekannt sind, eröffnen sich ungeahnte oder überraschende Einblicke in das Wandlungspotenzial von Stammzellen.

Definitiv bestätigte Beobachtungen echter pluripotenter adulter Stammzellen beim Menschen sind spärlich. Gelegentlich erscheinende Erfolgsmeldungen über die Fähigkeiten adulter Stammzellen beziehen sich meist auf Beobachtungen im Tierversuch. Gleichfalls völlig unerforscht ist die unterschiedliche genetische Aktivität adulter Stammzellen bzw. adulter Körperzellen – obwohl alle reifen Körperzellen mit gleicher genetischer Information ausgestattet sind! Die Zukunft wird zeigen, ob und auf welche Weise adulte Stammzellen so „programmiert" werden können, dass die Verwandlung von einer bestimmten Zelle in eine andere beherrschbar ist.

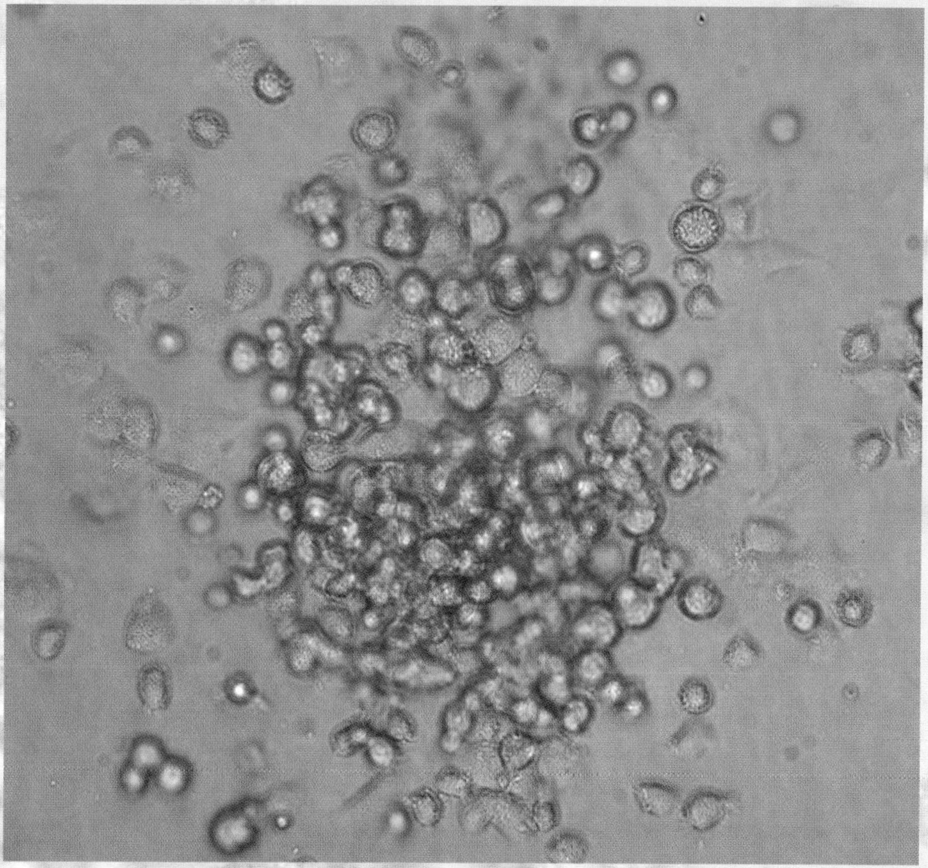

Adulte Stammzellen aus Nabelschnurblut: Vorläuferzellen der granulozytären und monozytären Zellen (CFU = Colony forming units) im Nabelschnurblut

Stammzellen aus Nabelschnurblut

Nabelschnurblut neugeborener Kinder enthält in geringer Menge adulte Stammzellen, die seit einigen Jahren als Alternative zur Knochenmarktransplantation therapeutisch eingesetzt werden. Wie im Knochenmark finden sich im Nabelschnurblut Stammzellen des Blut bildenden Systems (hämatopoetische Stammzellen) sowie möglicherweise auch Stammzellen mesenchymalen Ursprungs.

Bereits im Jahr 1989 wurde die erste Transplantation von Stammzellen aus der Nabelschnur durchgeführt: Ein sechsjähriges Kind mit einer angeborenen Blutbildungsstörung (Fanconi-Anämie) konnte mit Stammzellen aus dem Nabelschnurblut der Schwester erfolgreich behandelt werden – die so genannte „isologe" Transplantation. Und im Jahr 1993 erfolgte erstmals eine Transplantation von Stammzellen aus dem Nabelschnurblut eines Fremdspenders – die so genannte „allogene" Transplantation. Bislang sind Tausende von Transplantationen von Stammzellen aus Nabelschnurblut weltweit vorgenommen worden – mit dem Ziel, ein durch Bestrahlung oder Chemotherapie zerstörtes Knochenmark zu regenerieren. Am häufigsten werden Patienten mit Blutkrebs (Leukämien) und angeborenen Blutbildungsstörungen behandelt, insbesondere Kinder.

Nabelschnurblut wird unmittelbar nach der Abnabelung entnommen, im Durchschnitt gewinnt man eine Menge von 80 bis 90 Millilitern Blut. Nach einer Zellzählung und Testung auf infektiöse Verunreinigung wird das Blut auf −190 °Celsius abgekühlt und eingelagert (Kryokonservierung).

In Deutschland sind gegenwärtig in zwei öffentlichen Nabelschnurblutbanken zusammen mehr als 7.000 Blutpräparate und in einer privat finanzierten Blutbank mehr als 8.000 Präparate eingelagert, weltweit geht man von mehr als 80.000 in öffentlichen Institutionen eingelagerten Nabelschnurblutpräparaten allogener Spender aus. Vergleicht man diese Zahlen mit den etwa drei Millionen eingelagerten Knochenmarkspenden Erwachsener, entspricht die Menge eingelagerter Nabelschnurblutspenden einem Anteil von nur etwa einem Prozent.

Entnahme von Blut aus der Nabelschnur eines Neugeborenen

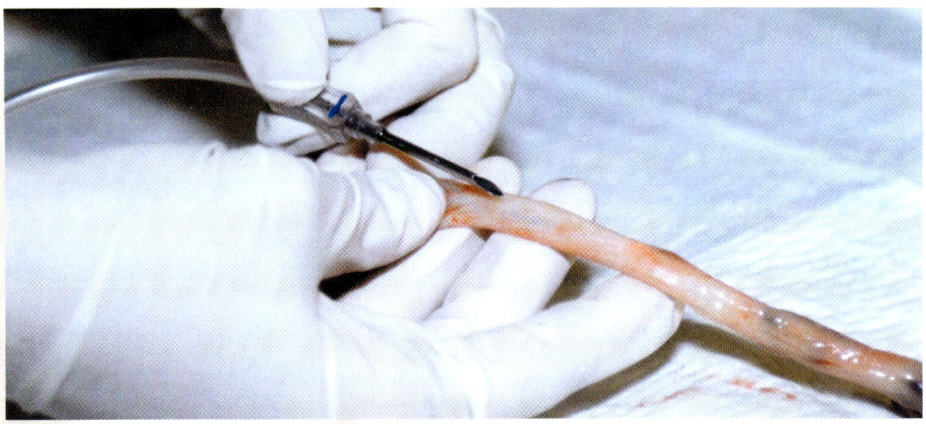

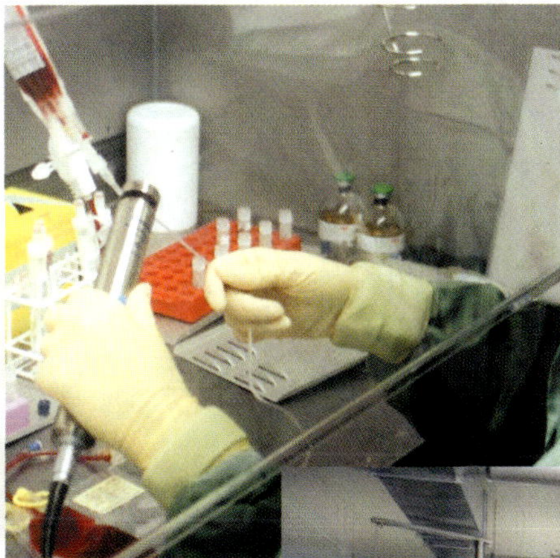

Verarbeitung bzw. Präparation von Nabelschnurblut im Reinraum vor der Tieftemperatur-Einlagerung (Kryokonservierung)

Stammzellen aus Nabelschnurblut konservieren?

- Die Wahrscheinlichkeit, dass ein Kind jemals die eingelagerten Stammzellen brauchen wird, ist sehr gering: Berechnungen ergaben, dass nur ein Kind von 15.000 erkrankt.
- Die Verwendung eigener (autologer) Stammzellen aus Nabelschnurblut bei Leukämieerkrankung ist nur zweite Wahl, da die Heilungsraten autologer im Vergleich zu allogenen Transplantaten um 15 Prozent schlechter sind.
- Die Erforschung mesenchymaler Stammzellen konzentriert sich auf Stammmzellen aus dem Knochenmark, da die meisten Betroffenen heute keine Stammzellen aus Nabelschnurblut haben.
- Wenn es tatsächlich zu Fortschritten der Therapie mit Stammzellen kommen wird, könnte es sein, dass solche Therapien nicht mehr auf Stammzellen aus Nabelschnurblut angewiesen sind – Einlagerung wäre dann nutzlos.
- Die Entscheidung für oder gegen die Einlagerung wird individuell von den Eltern getroffen, die auch die Lagerungskosten (etwa 3.000 Euro für 99 Jahre) der für den Eigenbedarf nutzbaren Stammzellen aus Nabelschnurblut übernehmen müssen.

Lagerraum mit Kryotanks im Hintergrund zur Aufbewahrung von Nabelschnurblut und mit dem Einfriergerät (Freezer) vorne rechts

Nabelschnurblut mit Stammzellen ist im Blutbeutel und mit Probenröhrchen in einer Kassette zur Tieftemperatur-Einlagerung vorbereitet.

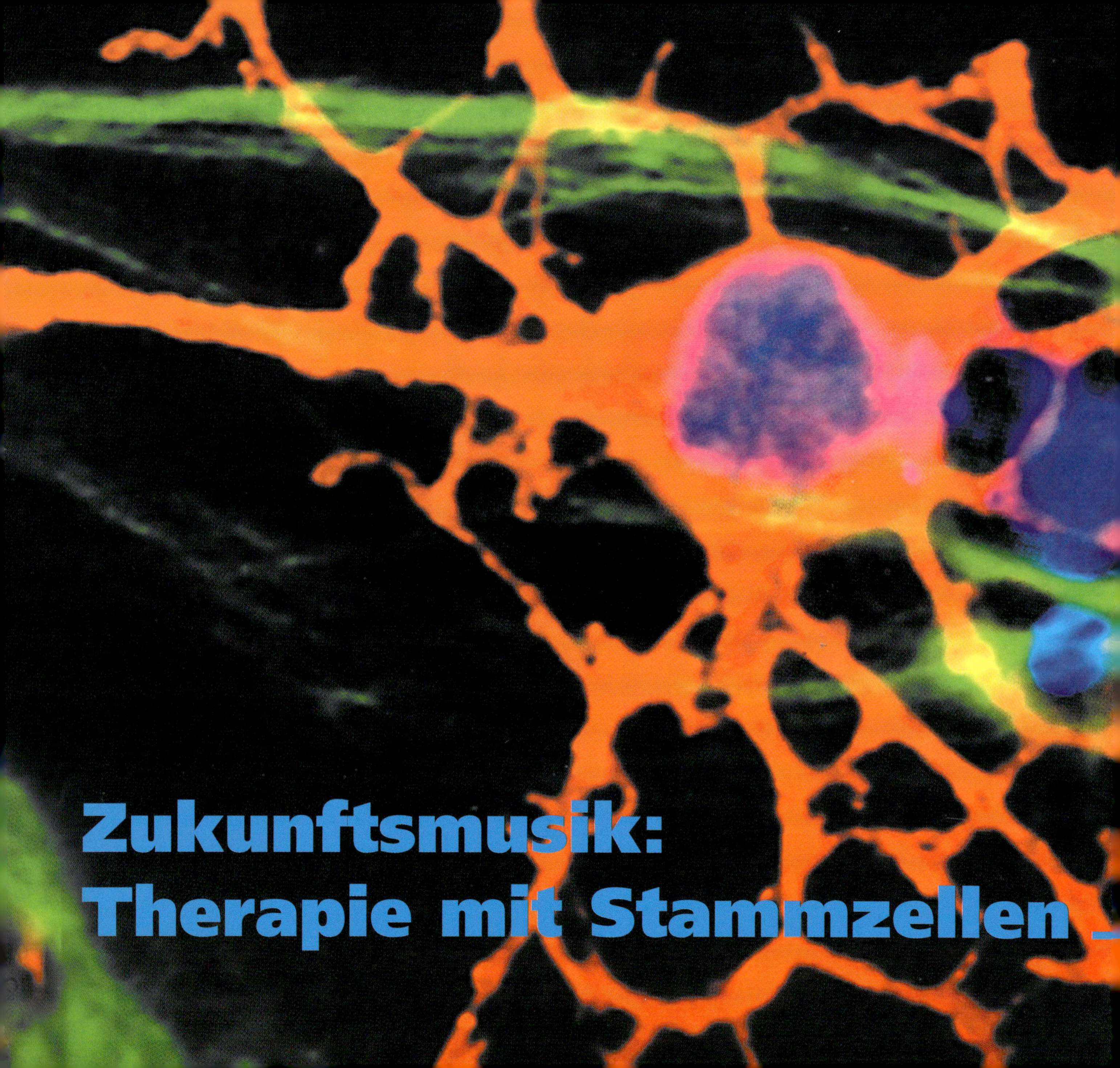

Zukunftsmusik: Therapie mit Stammzellen _

Gewinnung von Gliazellen aus pluripotenten embryonalen Stammzellen: In der Zellkulturschale haben sich aus embryonalen Stammzellen Oligodendrozyten (rot) und Astrozyten (grün) entwickelt. Irgendwann einmal könnten auch Patienten mit Nervenerkrankungen von einer Stammzellentherapie profitieren.

Von der Forschung mit embryonalen Stammzellen erwarten Medizin und Wissenschaft genaueren Einblick in grundlegende biologische Lebensprozesse und Antworten auf Fragen, die etwa die Ursachen von Unfruchtbarkeit, embryonale Entwicklungsstörungen oder angeborene Schädigungen betreffen. Aus der exakten Kenntnis entwicklungsbiologischer Vorgänge könnten in Zukunft auch Behandlungsmöglichkeiten hervorgehen.

Im Blickfeld der Forschung steht vor allem die Steuerung der Fähigkeit von Organismen zur Regeneration sowie der Vermehrung und Differenzierung von Zellen.

Große Hoffnungen werden dabei auf die Klärung der Differenzierungsmechanismen adulter Stammzellen gesetzt sowie die Faktoren, die die Richtung der Differenzierung von Stammzellen in definierte Zelltypen bestimmen.

Neue Erkenntnisse über Entwicklungsmechanismen und Funktionen embryonaler und adulter Stammzellen könnten auch zum therapeutischen Fortschritt beitragen.

Regenerative Medizin

Eine besondere Rolle sollen Stammzellen als Therapieverfahren für den Zell- und Gewebeersatz, für die regenerative Medizin spielen. Insbesondere richtet sich die Aufmerksamkeit auf Gewebe, die beim Menschen ein nur geringes Erneuerungsvermögen besitzen, etwa Nervenzellen. Von neuen Therapiemöglichkeiten mit Stammzellen – die allerdings noch in weiter Zukunft liegen – würden vor allem Patienten mit gegenwärtig schwer behandelbaren Nervenerkrankungen (Parkinson-, Alzheimer , Huntington-Erkrankung, Multiple Sklerose, Epilepsie) profitieren.

- Embryonale Stammzellen.

  Im Tiermodell gelang es, aus embryonalen Stammzellen Zellen zu erzeugen, die Material für Nervenscheiden (Myelin) produzieren. Dies gibt Anlass zur Hoffnung, dass in Zukunft ein ähnliches Verfahren zur Behandlung der Multiplen Sklerose entwickelt werden könnte. Ein Erfolg mit Stammzellen bei der Alzheimer-Erkrankung gilt als unwahrscheinlich.

Ärzte Zeitung, 04.09.2001

Auch in der Haut gibt es adulte Stammzellen

Kanadische Forscher züchteten aus Vorläuferzellen von Mäusen Neuronen, Muskelzellen und Adipozyten

MONTREAL (ple). Adulte Stammzellen finden sich nicht nur im Nervengewebe und Knochenmark, sondern auch in der Haut. Entsprechende Zellen hat jetzt eine kanadis[...] Forschergruppe in der Dermis von Mäusen entdeckt. Und sie fanden Hinweise, daß e[...] diese Zellen auch in der Dermis von Menschen gibt.

Frankfurter Allgemeine Zeitung — Natur und [...]

Stammzell-Ersatz nach Herzinfarkt

Wie aus Embryonen neues Gewebe gewonnen wird / Transplantation bei Mäusen gelungen

Forschung mit adulten Stammzellen

Unentdeckte Potenziale im erwachsenen Gehirn

Ein Forschungsansatz beruht darauf, die adulte Neurogene[...]

Stammzellen in Leber lokalisiert

Vieles, was in Schlagzeilen groß angekündigt wird, ist noch reine Zukunftsmusik und Jahre von der praktischen Anwendung bei Patienten entfernt.

Ermutigende tierexperimentelle Befunde mit Stammzellen wurden bei Diabetes mellitus, der Parkinson-Erkrankung und dem Herzinfarkt mitgeteilt.

- Adulte Stammzellen.

  Faktoren, die die Vermehrung und Differenzierung der Stammzellen steuern, können dazu benutzt werden, körpereigene Stammzellen im Labor zu kultivieren und das erzeugte Gewebe anschließend zu

Mögliche therapeutische Anwendungen von Stammzellen

Erkrankung	Gewebetyp/Organtyp	Stammzellentyp/Zelltyp
Arteriosklerose	Blutgefäße, Gefäßklappen	• Endothelzellen • Fibroblasten • Glatte Muskelzellen
Diabetes mellitus	Bauchspeicheldrüse	• Betazellen
Erblindung	Retina	• Neuronen • Fotorezeptoren • Gliazellen
Herzinfarkt	Herzmuskel	• Kardiomyozyten
Knochenbrüche	Knochen	• Osteozyten
Knorpelschäden	Knorpel (Gelenke, Luftröhre, Ohr)	• Chondrozyten
Leberkrankheiten	Leber	• Hepatozyten
Leukämien	Knochenmark, Blut	• Blutzellen
Tumorerkrankungen	Darm, Magen, Blase	• Epithelzellen
Morbus Crohn	Darm	• Darmepithel
Multiple Sklerose	Gehirn, Rückenmark	• Neuronen • Gliazellen
Muskelverletzungen	Skelettmuskel	• Skelettmuskelzellen • Muskelfasern
Niereninsuffizienz	Niere	• Mesangiumzellen
Osteoporose	Knochen	• Osteozyten
Parkinson-Erkrankung	Gehirn	• Neuronen
Rheumatische Erkrankungen	Knochenmark, Blut	• Immunzellen?
Rückenmarkverletzungen	Rückenmark	• Neuronen • Gliazellen
Verbrennungen	Haut	• Hautzellen

transplantieren. Es könnten auch neuartige Wirkstoffe und Arzneimittel entwickelt werden, die die Erneuerung von Gewebe direkt „vor Ort" durch Vermehrung und Differenzierung in Gang setzen. Auch genetisch veränderte adulte Stammzellen (Eigen- oder Fremdspenderzellen) wären möglicherweise bei erblichen Erkrankungen einsetzbar. Ob die aus adulten Stammzellen differenzierten Zelltransplantate aber tatsächlich im Organismus die beabsichtigten Funktionen erfüllen können, weiß niemand.

In Tierexperimenten wurde beobachtet, dass Stammzellen des Knochenmarks durchaus Herzmuskel- und Gefäßzellen bilden können, die die Herzfunktion verbessern. Aus adulten Stammzellen entwickelte Myelinscheidenzellen bieten eine therapeutische Perspektive etwa für die Multiple Sklerose.

Unklar ist auch, welche Risiken, zum Beispiel im Hinblick auf die Bildung von Tumoren, wie sie bei den embryonalen Stammzellen sehr vorrangig sind, die Einsatzmöglichkeiten adulter Stammzellen belasten.

- Zellkerntransfer und therapeutisches Klonen.

Über die Anwendungsmöglichkeiten durch therapeutisches Klonen erzeugter Stammzelllinien liegen noch keine überzeugenden Informationen vor. Von großer Bedeutung sind hier vor allem Fragen, die mögliche Fehlentwicklungen der erzeugten Zellen und Gewebe betreffen.

- Embryonale Keimzellen.
  Über das regenerative Potenzial von embryonalen Keimzellen ist bislang kaum etwas bekannt.
- Fetale Stamm- und Vorläuferzellen.
  Auch über das regenerative Potenzial dieser Zelltypen ist wenig bekannt.

Organersatz und Gentherapie

Forscher denken auch an die Erzeugung komplexer Organe wie Herz, Leber oder Niere mit Hilfe von Stammzellen. Beispielsweise könnten durch die Kombination Form gebender Gerüstkonstruktionen aus Kunststoffen und vermehrungsfähigen Stammzellen Organteile hergestellt werden. Eine Herausforderung ist dabei die Anbindung solcher Organkonstrukte an das Nerven- und Blutsystem. Solche „Ersatzteile" zu therapeutischem Zweck sind in nächster Zukunft nicht zu erwarten. Da viele unterschiedliche, kultivierte Stammzelllinien im Labor zur Verfügung stehen werden, beginnt die Wissenschaft auch darüber nachzudenken, mögliche und therapeutisch sinnvolle Veränderungen von Geninformationen solcher Zellen zu erforschen. Risiken von Virusinfektionen, der Tumorbildung oder Immunabwehr könnten genetisch kontrolliert und möglicherweise ausgeschlossen werden. Vor der Transplantation stünde dann die genetische Sicherheitskontrolle der Zellen im Labor.
Es ist auch denkbar, dass vor einer Differenzierung bestimmte Gene der Stammzellen „ausgeschaltet" werden. Die Erforschung der Wirkungen genmanipulierter Stammzellen befindet sich jedoch noch im Anfangsstadium.

Mögliche Strategeie zur Gewinnung von Vorläuferzellen des Nervensystems aus embryonalen Stammzellen. Die aus der inneren Zellmasse von Blastozysten gewonnenen Stammzellen sind bei optimalen Kulturbedingungen fast unbegrenzt vermehrbar. Aus Stammzellen gewonnene neuronale Vorläuferzellen könnten für Transplantatzwecke eingesetzt werden.

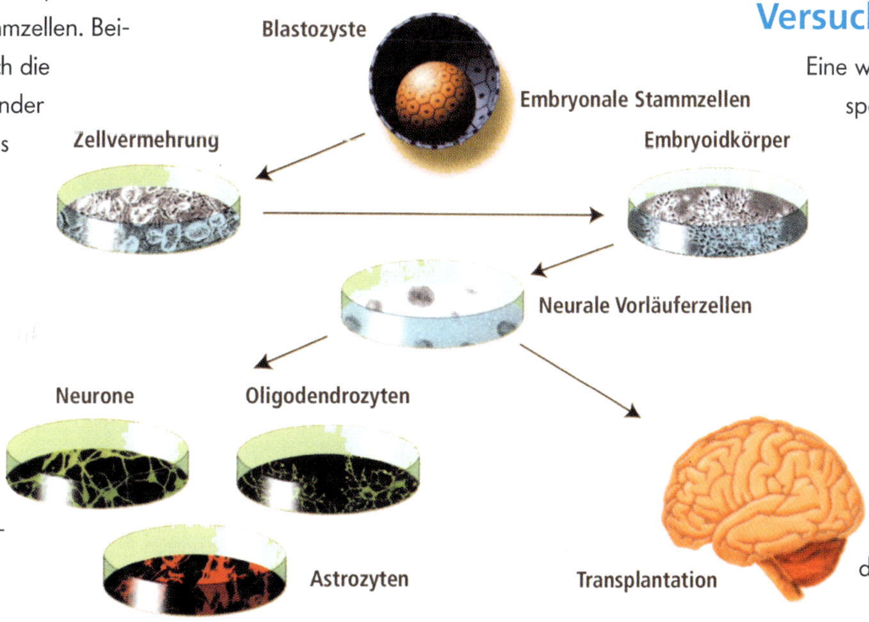

Stammzellen statt Versuchstiere?

Eine weitere therapeutische Perspektive der Stammzellenforschung bietet sich in Bezug auf Arzneistoffprüfungen an: Die Wirkung von Arzneimitteln, chemischen Substanzen und Umweltfaktoren auf die Embryonalentwicklung (Embryotoxikologie) könnte im Stammzellenmodell untersucht werden. Gegenwärtig sind für solche embryotoxikologischen Prüfungen Versuchstiere oder andere Zellkulturen erforderlich. Ein entsprechendes Verfahren unter Verwendung embryonaler Mauszellen wird bereits eingesetzt. Die Differenzierungsfähigkeit von Stammzellen erlaubt es auch, Wirkungen von Arzneistoffen pharmakologisch an einer Vielzahl menschlicher Zelltypen zu erproben. Solche Prüfansätze würden weit genauer Auskunft über beim Menschen zu erwartende Wirkungen geben können, als dies bisher mit von Tieren stammenden Zellkulturen möglich ist. Dafür sind mit großer Wahrscheinlichkeit alle Arten von Stammzellen, unabhängig von ihrer Herkunft, geeignet.

Fortschritt durch Forschung

Auch die potenziellen Risiken der Stammzellentherapie sind Forschungsgegenstand: die notwendige Reinheit der möglichen Zelltransplantate, die Gefahr der Tumorbildung und die Übertragung infektiöser Erreger (etwa Viren). Technische Schwierigkeiten betreffen die Gewinnung und Vermehrung von adulten Stammzellen im Labor.
Ob und in welchem Umfang die Ergebnisse von Tierversuchen mit Stammzellen auf den Menschen übertragbar sind, ist unklar. Aus diesem Grund ist das Interesse der Wissenschaft an der Forschung mit menschlichen embryonalen Stammzellen so groß, dass trotz massiver ethischer Vorbehalte in vielen Ländern die Nutzung von Stammzellen in begrenztem Umfang durchgesetzt werden konnte.

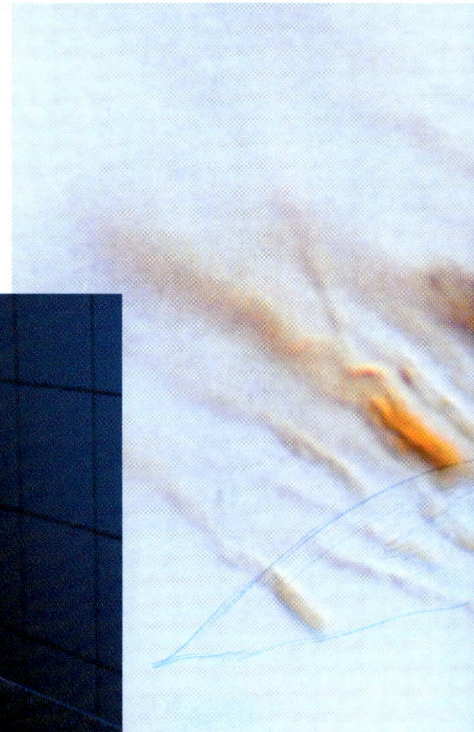

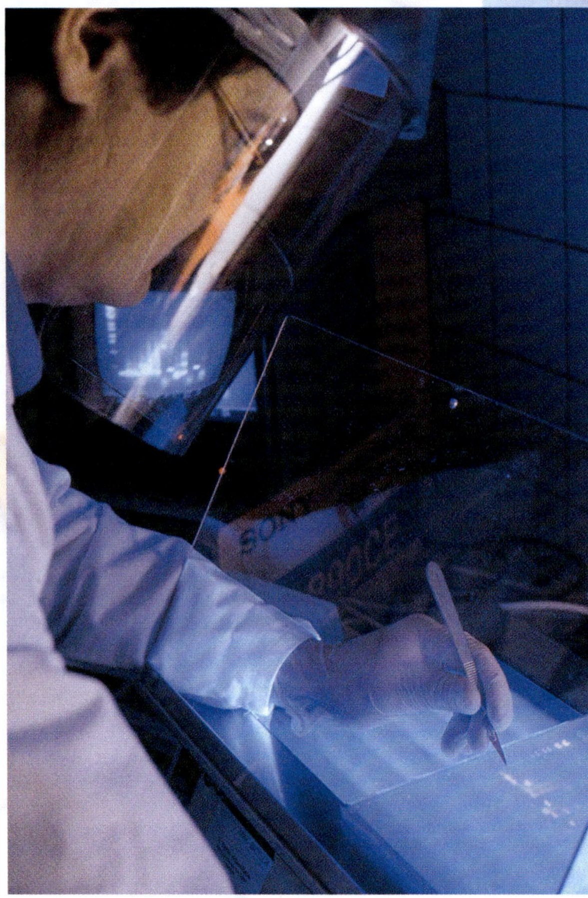

Interdisziplinäre Kooperation und Vernetzung der verschiedenen Wissenschaftszweige sind wichtige Voraussetzungen für erfolgreiche Forschung. Auch Biotechnologie, Gen- und Medizintechnik spielen wichtige Rollen.

Myelin-Regeneration durch transplantierte, von embryonalen Stammzellen abgeleitete Glia-Vorläuferzellen: Ein aus embryonalen Stammzellen der Maus gewonnener Oligodendrozyt bildet nach der Transplantation in das zentrale Nervensystem einer Ratte mit fehlender Nervenscheidenbildung (Myelin-Defizienz) neue Nervenscheiden (Myelin) – eine mögliche Therapiestrategie auch bei Multipler Sklerose des Menschen?

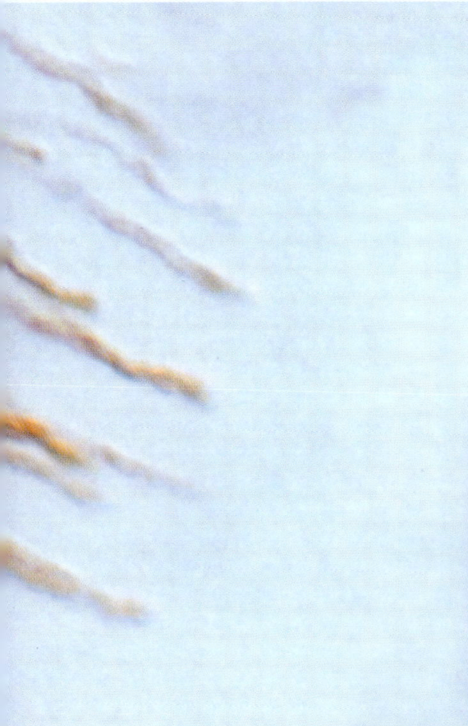

Durch grundlegende Erkenntnisse der Stammzellenforschung könnten sich auch neue Perspektiven für die Pharmazeutik und die therapeutische Anwendung von Arzneimitteln ergeben.

Therapeutisches Klonen

Der Begriff „Klonen" ist vieldeutig. Grundsätzlich bedeutet er „Herstellung genetisch identischer Kopien". Allerdings können solche genetischen Kopien DNA-Teilstrang- oder DNA-Genomkopien, Kopien von Zellen in Zellkultur („Klonieren") oder Kopien ganzer Organismen (Bakterien, Pflanzen, Tiere) sein – in jedem Fall wird der Begriff „Klonen" benutzt. Erste Klonversuche bei Tieren stammen aus dem frühen 20. Jahrhundert und am Ende des letzten Jahrhunderts gelang tatsächlich das Experiment, die DNA einer adulten Körperzelle eines Tieres in einer entkernten Eizelle zu einem

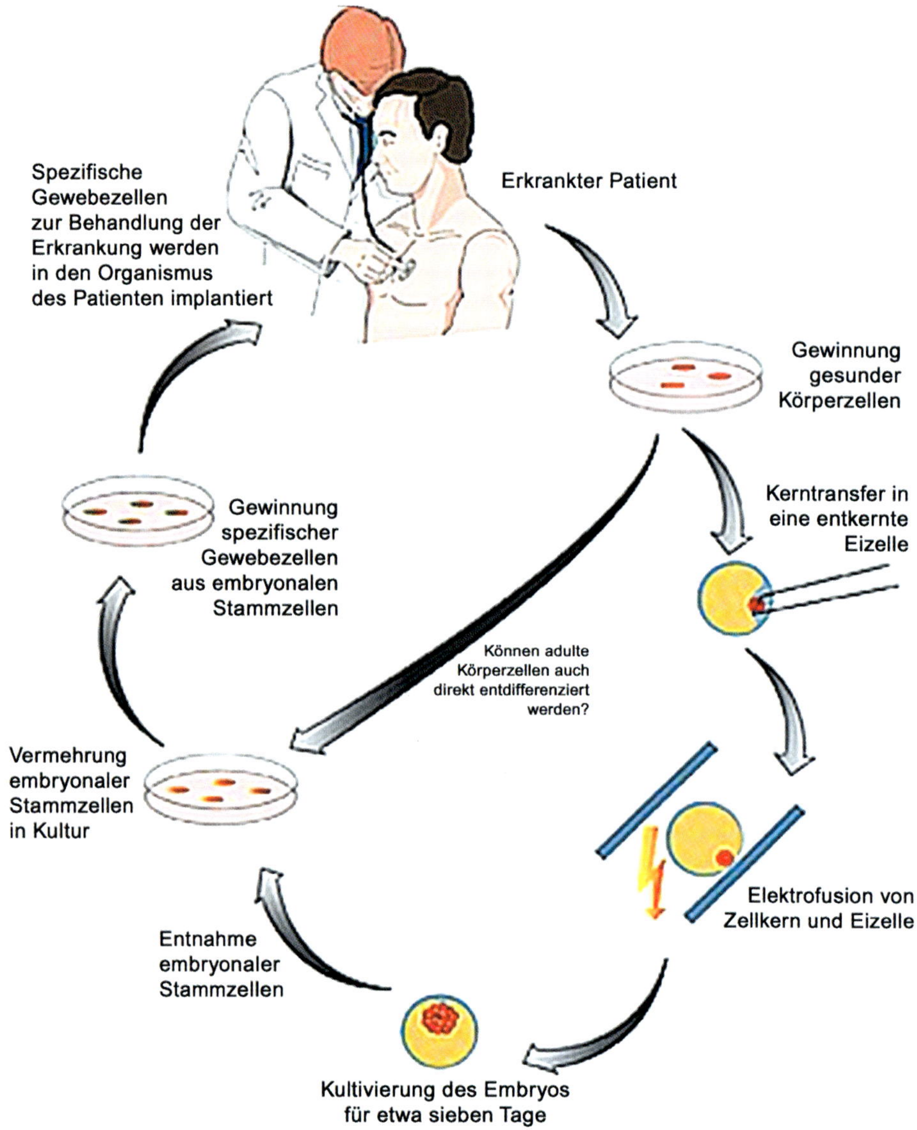

Schematische Darstellung der therapeutischen Möglichkeiten mit Stammzellen: Entnahme gesunder Körperzellen und Kerntransfer in eine Eizelle, Kultivierung embryonaler Stammzellen und Rückführung der Stammzellen in den Körper des Patienten. Mit diesem Verfahren könnte eine Abstoßungsreaktion der implantierten Zellen vermieden werden, da Spenderzelle und Empfänger genetisch identisch sind.

entwicklungsfähigen Embryo zu reprogrammieren bzw. den ersten echten Säugetier-Klon (das Schaf „Dolly“) zu erschaffen. Mit der Dolly-Methode könnte es auch gelingen, einen Menschen zu klonen – man spricht dann vom „reproduktiven Klonen“. Entsprechende Ankündigungen des ersten geklonten Menschen, meist dubiosen Ursprungs, sorgen immer wieder für Schlagzeilen und Aufregung in Politik, Wissenschaft und der breiten Öffentlichkeit. Das Klonen eines Menschen ergibt biologisch keinen Sinn: Die sexuelle Fortpflanzung hat dem Menschen ja gerade den großen evolutionären Vorsprung verschafft!

Die meisten Staaten lehnen zwar reproduktives Klonen ab, ein weltweites Verbot, Menschen zu klonen, gibt es bislang nicht. Eine weitere Möglichkeit des Klonens betrifft das so genannte „therapeutische Klonen“, das man sich in etwa folgendermaßen vorstellen kann:

Ein Patient, der beispielsweise an Diabetes oder Multipler Sklerose leidet, würde seine Frau, seine Tochter oder eine anonyme Person gegen Entgelt darum bitten, Eizellen zur Verfügung zu stellen. Ein Arzt würde die Eizellen entnehmen, deren Zellkern entfernen, einen Zellkern des Patienten implantieren und durch Elektrofusion aktivieren. Anschließend würde ein geklonter Em-

Klonschaf „Dolly“ mit Nachwuchs „Bonnie“: Das erste, 1996 mit der Erbinformation einer differenzierten Körperzelle eines ausgewachsenen Tieres geklonte Säugetier. Dolly starb im Februar 2003 an den Folgen einer Lungenentzündung.

bryo bis zum Stadium der Blastozyste (fünf bis sechs Tage) kultiviert und dann würden die pluripotenten Stammzellen der inneren Zellmasse entnommen. Der Rest des Embryos wird verworfen. Diese Stammzellen werden dann isoliert und zu den benötigten Gewebezellen (etwa Insulin produzierende oder Dopamin produzierende Zellen) ausdifferenziert. Schließlich würden die gewonnenen differenzierten Zellen zur Behandlung in den Körper des Patienten transplantiert. Eine Gewebeabstoßung wäre aufgrund der genetischen Identität des geklonten Gewebes nicht zu erwarten. Die Medizin setzt große Hoffnung auf derartige Behandlungsformen – allerdings muss deutlich betont werden, dass es sich hier vorerst um reine Theorie handelt. Tierversuche mit Primaten (Affen) verliefen enttäuschend: Geklonte Embryonen starben rasch ab und zeigten Chromosomenanomalien. Weder verfügt die Wissenschaft heute über zuverlässige Kontrollinstrumente der Differenzierung von Stammzellen, noch weiß man, ob therapeutisches Klonen überhaupt jemals sinnvoll und erfolgreich sein wird.

Das Hauptargument gegen therapeutisches Klonen ist die Tatsache, dass zur Schaffung individueller, genetisch identischer Stammzelllinien menschliche Blastozysten „verbraucht" werden, das heißt, potenzielles menschliches Leben wird zerstört. Zahlreiche Staaten, auch Deutschland, lehnen deshalb therapeutisches Klonen ab.

Ob therapeutisches Klonen jemals zu einem sicheren und wirksamen medizinischen Behandlungsverfahren entwickelt werden kann, ist vollkommen ungewiss. Darüber hinaus könnten Fortschritte auf dem Gebiet der Forschung mit adulten Stammzellen therapeutisches Klonen überflüssig machen. Dass es überhaupt möglich sein wird, höherer Säugetiere erfolgreich zu klonen, ist keineswegs sicher. Die Ergebnisse aktueller Studien weisen vielmehr darauf hin, dass dies eher zweifelhaft ist bzw. sie sprechen dagegen.

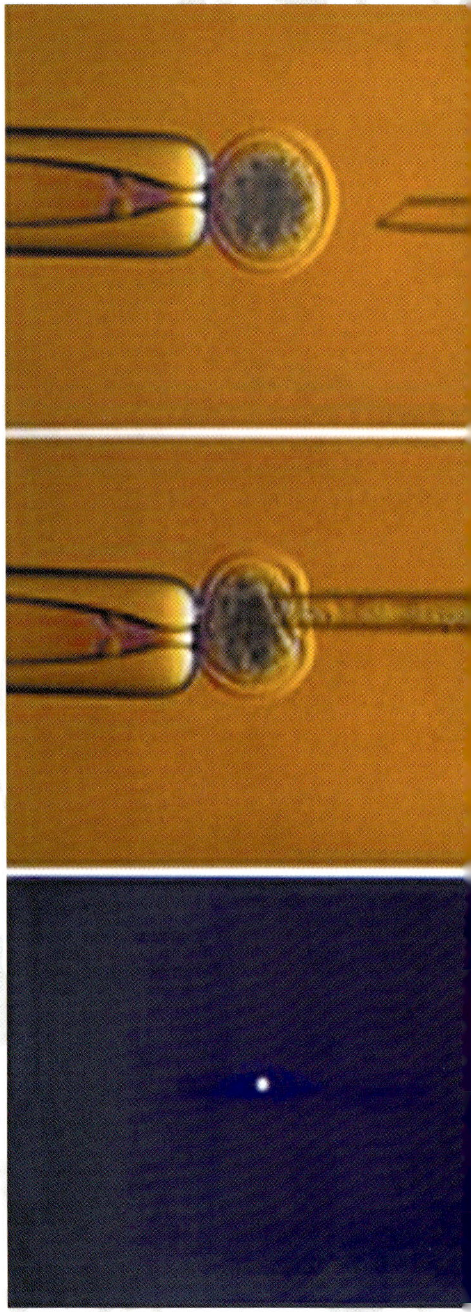

Stadien des Kerntransfers zur Klonierung von Säugetieren.
Entnahme des Kernmaterials aus der Eizelle (linke Abbildungen) und Einbringen fremden Kernmaterials in die entkernte Eizelle (rechte Abbildungen). Nach Entkernung der Eizelle wird ein fremder Zellkern implantiert, aus dem im Falle des Klonschafs „Dolly" ein mit dem Zellkernspender (Kernmaterial eines erwachsenen Schafes anderer Rasse) genomisch identischer Klon entstehen kann.

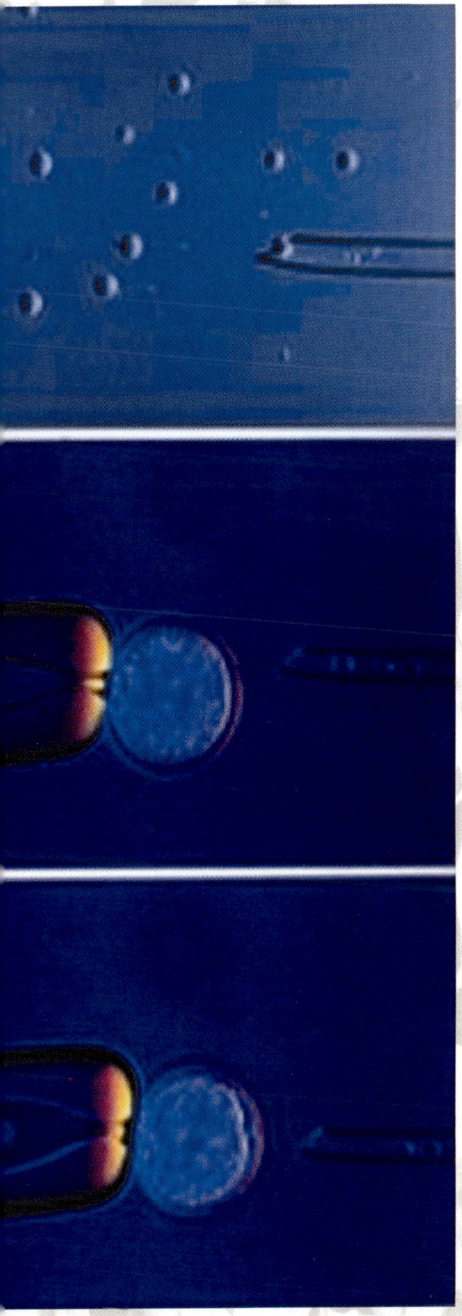

Klonmethode „Dolly" – dazu wird eine ruhige Hand gebraucht: Der Biologe führt unter mikroskopischer Kontrolle die Kanüle mit dem Kernmaterial der Spenderzelle eines erwachsenen Tieres in die an einer Pipettenspitze (links) fixierte Eizelle eines Spendertieres ein.

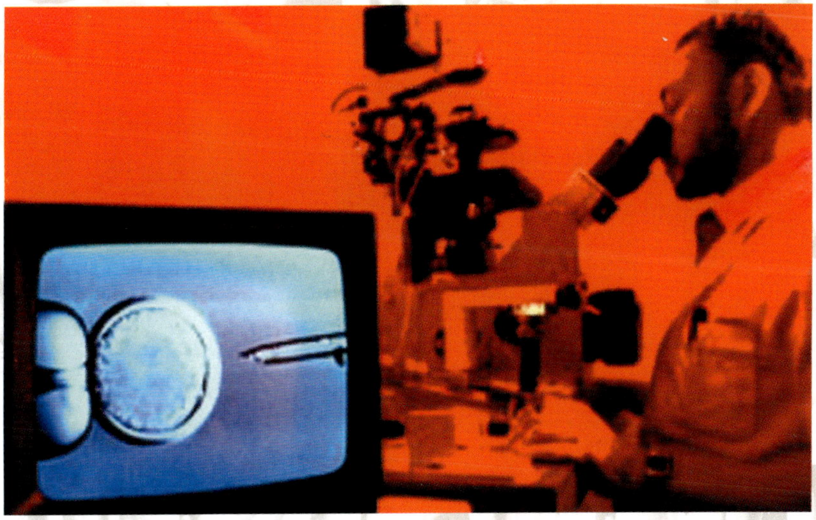

Bioethik und Forscherdrang

Der Mensch ist mehr als die Summe seiner Gene – und der genetische Zufallsgenerator erschafft eine bunte Vielfalt einzigartiger menschlicher Lebewesen. Sollten wir es dabei belassen?

Der Begriff „Bioethik" (engl. *Bioethics*) existiert seit den 1970er Jahren und beinhaltet alle Theorien und Denkansätze, die sich mit Manipulationen oder Eingriffen in Prozesse der Zeugung, der Entstehung von Leben und des Sterbens beschäftigen. Die so genannte „Medizinethik" ist schon länger etabliert und für Fragen der Patientenaufklärung, Sterbehilfe, In-vitro-Fertilisation und Stammzellenbiologie sowie auch Tierversuche und ökologische Problembereiche zuständig. Seit wenigen Jahren in der breiten Öffentlichkeit ausführlich diskutierte bioethische Fragen betreffen die Gen- und Biotechnologie, die Humangenetik und die Fortpflanzungsmedizin. Stammzellen- und Embryonenforschung, Keimbahneingriffe, Klonen sowie die Präimplantationsdiagnostik stehen in jüngster Zeit im Zentrum gesellschaftlicher Debatten. Die wichtigsten Fragen lauten: Welche Manipulationen und Eingriffe, die technisch möglich sind, sollen erlaubt, welche verboten sein? Welche Ziele von Forschung und Wissenschaft halten wir für wünschenswert, welche nicht? Ethische Argumente könnten auch „gute Gründe" genannt werden: Ethik ist als Theorie der moralischen Urteile, Handlungen und Argumente aufzufassen, die Orientierung für Normfragen und Handlungen anbieten soll – autoritäre Gebote, bloße Tradition, religiöse Normen oder geltendes Recht sind dabei nicht allein entscheidend. Zur ethischen Auseinandersetzung bzw. Beurteilung gehören unter anderem logisch schlüssige Argumentationen, die Benutzung eindeutig geklärter Begriffe sowie die möglichst vorurteilsfreie Zulassung unterschiedlicher Standpunkte und Bewertungen.

Theorien, Argumente und Urteile

Die Ethik weist keine den Wissenschaften vergleichbare Argumentationsbasis auf, etwa Fakten oder Standards. Die Theorien der Ethik und Bioethik sind vielmehr uneinheitlich und berühren sowohl definierte moralische Sichtweisen als auch Intuition und Emotion. Ansätze bioethischer Theorien finden sich in den Schriften von Aristoteles, der auch Begründer der Embryologie war, bis hin zu Immanuel Kant. Eine universell gültige Theorie der Ethik gibt es nicht.

In liberalen offenen Gesellschaften kann etwa die Problematik der Abtreibung durch eine moralische „Privatisierung" gelöst werden: Die Frau entscheidet, eingebunden in die gesetzlich vorgegebenen Rahmenbedingungen, selbst für oder gegen die vorzeitige Beendigung einer Schwangerschaft. Im Fall der Pränataldiagnostik (vorgeburtliche Genanalyse) zeigt sich aber bereits deutlich, dass es keine einfachen Antworten geben kann:

Soll die Pränataldiagnostik als Privatentscheidung für einen medizinischen Eingriff

Wann wird der Mensch zum Menschen?

Religion	Zeitpunkt
Christentum	„Verschmelzung" von Samen- und Eizelle
Judentum	Nur mit bloßem Auge wahrnehmbares Leben wird anerkannt
Islam	Zweiter Schwangerschaftsmonat

„Die Medizin ist die Grundlage der Ethik, deren Gegenstand es ist, die Menschen zu lehren, sich der Welt auszusetzen, wie sie ist." René Descartes

Viele ethisch problematische Fragen zur Stammzellenforschung werden seit Jahren unter Beteiligung aller gesellschaftlichen Gruppen öffentlich diskutiert – kontroverse Argumente werden ausgetauscht und gelegentlich restriktive Positionen vertreten.

eines Paares mit Kinderwunsch betrachtet werden oder öffnet dieses Verfahren Tür und Tor für zielgerichtete genetisch determinierte Selektion oder gar Eugenik? Weder unbeschränkter Liberalismus noch restriktive Verbotsnormen werden dieser Problematik gerecht – die Kunst liegt wahrscheinlich in der Gratwanderung zwischen vernünftiger Beurteilung des Gefährdungspotenzials und einer akzeptablen Eingrenzung der Rahmenbedingungen.

Kontroverse Embryonenforschung

Das Interesse der Forschung ist seit Bekanntwerden des Selbsterneuerungs- und Differenzierungspotenzials embryonaler Stammzellen 1998 weltweit enorm angestiegen. Die Hoffnung auf neue Impulse für Therapieverfahren mit Stammzellen für die regenerative Medizin (Gewebe- und Zellersatz) und zur Behandlung bislang schwer beeinflussbarer Erkrankungen, die Millionen Menschen betreffen, hat die Naturwissenschaften beflügelt und ehrgeizige Forscherpersönlichkeiten motiviert. Experten aller Forschungsbereiche der Biowissenschaften sind übereinstimmend der Ansicht, dass diese Hoffnungen nicht unbegründet sind, und dass sich die Richtung der Medizin bereits verändert hat.

Gegenstand der ethischen Kontroverse zum Thema Embryonenforschung sind nicht toti- oder pluripotente Stammzellen, sondern die Tatsache, dass die Entnahme von Stammzellen aus der Blastozyste zum Tod eines vier bis fünf Tage alten menschlichen Embryos führt („verbrauchende" Embryonenforschung). Das seit 1991 in Deutschland gültige Embryonenschutzgesetz verbietet ausnahmslos die Gewinnung embryonaler Stammzellen – der Import und die wissenschaftliche Nutzung importierter embryonaler Stammzellen sind allerdings seit 2002 erlaubt. Ein durchaus berechtigter Vorwurf kennzeichnet diese deutsche Haltung als „Doppelmoral": Gegner embryonaler Stammzellenforschung verschließen bewusst die Augen davor, auf welche Weise Stammzellen im Ausland gewonnen wurden, um sagen zu können, dass hierzulande ethisch bedenkliche Maßnahmen zur Stammzellengewinnung nicht stattfinden. Das Problem und die echte Auseinandersetzung mit der embryonalen Stammzellenforschung wird auf diese Weise verdrängt, die Liberalisierung der Embryonenfor-

Ethische Fragen an die Stammzellenforschung

- Soll der frühe Embryo zum bloßen Produkt oder Objekt gemacht werden?
- Ist die Blastozyste nur ein biologischer Zellhaufen oder als potenzielles menschliches Lebewesen schützenswert?
- Besitzt eine Blastozyste Menschenwürde?
- Soll die Nutzung des frühen Embryo im Labor bzw. dessen kultivierter Zellen für Wissenschaft und Forschung zulässig sein?

schung ist auch in Deutschland (wie in der Schweiz und Frankreich) wahrscheinlich absehbar.

Die international meist diskutierte ethische Frage zielt auf die Problematik des „moralischen Status" von Embryos: In welchem Entwicklungsstadium kann von einem Individuum, einem menschlichen Wesen gesprochen werden, das dieselben Schutzrechte wie geborene Menschen beanspruchen darf?

Auch hier gibt es wiederum keine einfachen Antworten, weder ethische noch juristische Antworten – die Diskussion um Zulässigkeiten und Verbote wird die Embryonenforschung stetig begleiten müssen. Folgende Positionen und Ansprüche stehen nebeneinander:

- Ein Embryo, der aus wenigen Zellen besteht, hat keinen Anspruch auf Lebensschutz. Er repräsentiert nur symbolisch potenzielles menschliches Leben.
- Eine Frau, die eine Spirale benutzt, hat das Recht auf Selbstbestimmung, verhindert aber zugleich die Implantation des frühen Embryos in ihrer Gebärmutter.
- Bereits die befruchtete Eizelle soll den vollen Lebensschutz genießen. Allerdings ist im Stadium der Zygote noch nicht einmal die sexuell bedingte Paarung der männlichen und weiblichen Chromosomensätze vollzogen: Erst im Zweizellenstadium liegen tatsächlich von beiden Elternteilen determinierte (somit für das potenzielle Individuum unverwechselbare) Embryonalzellen vor.
- Embryonenforschung könnte dazu führen, dass der Mensch seine biologische und persönliche Entwicklungsgeschichte nicht mehr selbst bestimmen kann. Es ist von einem „Dammbruch" die Rede, der direkt zum Menschen mit vorprogrammierten Charaktereigenschaften führt.

Position des Europarats

- Am 12. Januar 1998 legte der Europarat ein Zusatzprotokoll zur Menschenrechts- und Biomedizin-Konvention zum Verbot der Klonierung von Menschen vor (*The Convention for the Protection of Human Rights and Dignity of the Human Being with regard to the Application of Biology and Medicine*):

  Artikel 1: „Jede Intervention, die darauf gerichtet ist, ein menschliches Wesen zu erzeugen, das mit einem anderen menschlichen Wesen, ob lebendig oder tot, genetisch identisch ist, ist verboten."

  Artikel 1, 2: „Der Begriff menschliches Wesen «genetisch identisch mit einem anderen menschlichen Wesen» bedeutet: Ein menschliches Wesen besitzt dieselbe Genausstattung der Zellkerne wie ein anderes menschliches Wesen." Die Erzeugung eines genetisch identischen menschlichen Wesens ist unabhängig von der benutzten Technik (Embryo-Splitting, Zellkerntransfer) verboten.

- Das Zusatzprotokoll wurde am 1. März 2001 von 29 Mitgliedern des Europarats unterzeichnet.
- Das Zusatzprotokoll ist bislang von elf Ländern (Zypern, Tschechien, Estland, Georgien, Griechenland, Ungarn, Portugal, Rumänien, Slowenien, Slowakei, Spanien) ratifiziert worden. Weitere Länder wollen demnächst diesem Beispiel folgen.
- Die Menschenrechts- und Biomedizin-Konvention vom 4. April 1997 (in Oviedo) ist am 1. Dezember 1999 in Kraft getreten:
- Artikel 18,2: „Die Erzeugung menschlicher Embryonen zu Forschungszwecken ist verboten."
- Jedes Unterzeichnerland kann allerdings Vorbehalte zu Artikel 18,2 anmelden. Dies hat etwa England getan und die Embryonenforschung (therapeutisches Klonen) unter definierten Rahmenbedingungen erlaubt.

- Im Zusammenhang mit Techniken der künstlichen Befruchtung entstehen überzählige Embryonen, die für unbestimmte Zeit eingefroren oder sofort vernichtet werden. Diese Embryonen könnten doch der Forschung sinnvoll dienen.
- Die zweckgerichtete Erzeugung von „Forschungsembryonen" wird aufgrund des moralisch schützenswerten Status des Embryos abgelehnt.
- Die Erzeugung genetisch identischer Kopien von Menschen durch reproduktives Klonen ist biologisch unsinnig und ethisch verwerflich.

Kontroverse Präimplantationsdiagnostik

Seitdem die frühen Entwicklungsstadien von Embryonen in das Blickfeld von Medizin und Wissenschaft gerückt sind, wuchs nicht nur das Interesse an der Erforschung der Funktionen und Eigenschaften von Blastomeren und Stammzellen aus Blastozysten, sondern auch an der Erforschung und Analyse der genetischen Ausstattung dieser Zellen. Die Spezialdisziplin der Fortpflanzungsmedizin (Reproduktionsmedizin) widmet sich dieser Aufgabe mit dem Ziel, bei Paaren mit Kinderwunsch die Chancen auf gesunden Nachwuchs – ohne schwere Erbkrankheiten – zu verbessern.

Ein Verfahren, mit welchem bereits zu einem sehr frühen embryonalen Zeitpunkt fehlerhafte Chromosomensätze und in begrenztem Umfang Gendefekte erkannt werden können, ist die so genannte „Präimplantationsdiagnostik" (PID). Risikoembryonen könnten identifiziert und spätere Schwangerschaftsabbrüche bzw. die Geburt mitunter schwer kranker Kinder vermieden werden. Für die Betroffenen und die Befürworter der Methode sind dies durchaus überzeugende Argumente.

Gegner sprechen der Methode eine „Schrittmacherfunktion" in Richtung genetisch erwünschter Selektion, vorprogrammierbares Geschlecht und „guter" oder „verbesserter" biologischer Eigenschaften (Eugenik) zu. Moralischer Verfall, manipulierte Identitäten zukünftiger Individuen und der Weg in eine genetisch determinierte unmenschliche Gesellschaft werden befürchtet.

Aber ist das Szenario der gen- und biotechnologisch dominierten Gesellschaft, in der staatlich kontrolliertes „Design" von Charakter, Persönlichkeit und Körperbiologie über Karriere und gesellschaftlichen Status entscheiden, überhaupt zu verwirklichen? Wissen wir nicht längst, dass der Mensch mehr ist als Haut und Knochen bzw. die Summe seiner Gene? Persönliche Entwicklung und Erfahrungen sowie die Interaktion mit seiner Umgebung machen den Menschen in Verbindung mit seiner individuellen Körperbiologie erst zum hochkomplexen Lebewesen.

Eine Gesellschaft muss sich darüber hinaus fragen, ob sie auf die medizinischen Diagnose- und Therapiemöglichkeiten, etwa der Präimplantationsdiagnostik, verzichten will, weil jede Manipulation „natürlicher Entwicklungsmechanismen" pauschal abgelehnt wird.

Demokratisch verwurzelte Vernunft könnte vorbeugend gegen die allzu liberale Ausweitung der eugenischen Perspektiven der Präimplantationsdiagnostik wirksam sein, die auch das Risiko der zunehmenden Stigmatisierung des Behindertenstatus bergen würde.

Embryonenschutzgesetz

Das Embryonenschutzgesetz, ein Nebenstrafgesetz, gilt für den Zeitpunkt von der abgeschlossenen Befruchtung der menschlichen Eizelle bis zur abgeschlossenen Einnistung in den Uterus am etwa 14. Tag der Entwicklung. Zusätzlich wird jede totipotente Zelle rechtlich einem Embryo gleichgestellt. Nach der Einnistung gelten die Bestimmungen des Strafgesetzbuchs mit dem Schutz vor vorsätzlicher Tötung und den Einschränkungen des § 218.

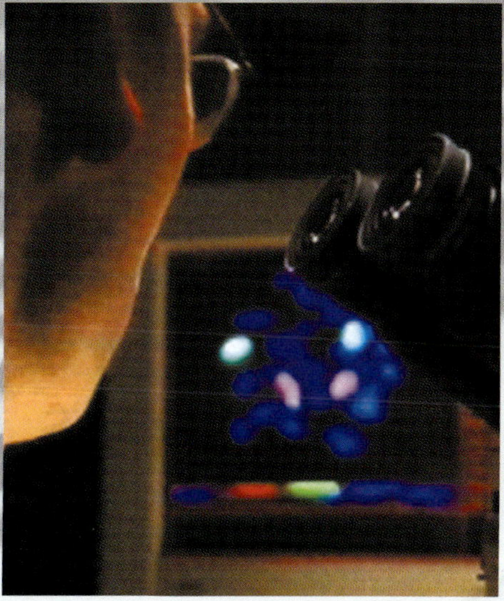

Wissenschaftlicher Fortschritt um jeden Preis? Gegner der Präimplantationsdiagnostik warnen vor dem Weg in eine genetisch determinierte, unmenschliche Gesellschaft.

Wissenschaft und Humanität

In der Wahrnehmung der Öffentlichkeit hat sich die Vorstellung vom vertrauenswürdigen und verantwortungsbewussten Wissenschaftler während der letzten Jahrzehnte deutlich gewandelt: In den Medien wurden vermehrt Fälle von Wissenschaftsbetrug plakativ präsentiert, obwohl die Spezies des skrupellosen Forschers eine Ausnahmeerscheinung ist. Andererseits ist das Potenzial des Missbrauchs durch enorm erweiterte Eingriffsmöglichkeiten in biologische Mechanismen stark gewachsen. Es gibt und gab immer Menschen, die in erster Linie am Missbrauch interessiert sind und sich weder durch Risiken noch Sanktionen von ihrem Tun abbringen lassen: Obwohl weltweit reproduktives Klonen abgelehnt wird, verkündete ein Sprecher des „Klonierungsunternehmens" clonaid (assoziiert mit der obskuren Rael-Sekte) bereits die Geburt des ersten Klonbabies.

Weitere Risiken für die Erhaltung des Wertes human geprägter Lebensentwicklung stellen auch die zunehmende Verflechtung der Wissenschaft mit kommerziellen und industriellen Interessen dar, die zunehmende Zahl öffentlich und privat finanzierter Forschungseinrichtungen. Ein demokratischer Staat sollte hier deutlicher sein Recht auf Schaffung von Rahmenbedingungen, die für die vertretene Allgemeinheit akzeptabel sind, durchsetzen.

Eines der gefährlichsten Versäumnisse der modernen Naturwissenschaften war bislang die fehlende Effizienz der Kommunikation, der verständlichen Information der Öffentlichkeit über wissenschaftliche Zusammenhänge, Ziele und Verfahren sowie deren Perspektiven und die möglichen Konsequenzen. Dadurch ist bei vielen Menschen ein Gefühl der Ohnmacht und Resignation gegenüber dem Treiben der Wissenschaft entstanden: Wer nicht versteht, was vor sich geht, hat verloren!

Die Folgen und Möglichkeiten der biologischen Revolution zu Beginn des 21. Jahrhunderts müssen auch Laien vermittelt werden können, denn diese Sachverhalte berühren die Grundfesten der Existenz der gesamten Menschheit und können auch die

Welchen Sinn hat das Klonen von Menschen? Reproduktives Klonen gilt als verwerflich und ist abzulehnen, dennoch gibt es noch keine international verbindliche Ächtung solcher Vorhaben.

Lebensperspektiven jedes Einzelnen beeinflussen. Information und Transparenz helfen dabei, das Missbrauchspotenzial einer „geheimen" (weil für die meisten Menschen unbegreiflichen) molekularen und genetischen Wissenschaft abzubauen.
In Deutschland gibt es seit den 1970er Jahren Ethikkommissionen auf lokaler Ebene sowie an vielen medizinischen Fakultäten und zentralen Fachgremien wie der Bundesärztekammer. Schließlich wurde im Jahr 2001 auch ein nationaler Ethikrat eingerichtet, der sich mit den Fragen der Embryonen- und Stammzellenforschung befasst und 2002 einen abschließenden Bericht darüber vorgelegt hat. Die Mitglieder des Ethikrates (unter anderem Politiker, Wissenschaftler, Theologen, Philosophen) haben keine Entscheidungsbefugnis, sondern nur Beraterkompetenz – diese Kompetenz ist aber dennoch für die politischen Entscheidungen, deren Tragweite in Bezug auf die zukünftige Entwicklung der Biowissenschaften nicht absehbar ist, von großer Bedeutung.
Aus kontemplativer Stille offenbarten sich dem hinduistischen Mystiker Ramakrishna (1836 bis 1886) drei elementare Prinzipien menschlicher Existenz: Persönliche Bescheidenheit ist eine Tugend (auch Aristoteles teilte diese Ansicht), Achtung des Mitmenschen und jeder lebenden Kreatur (auch ein Teil christlicher Anschauung) sowie respektvolle Ehrfurcht gegenüber dem gesamten Universum sind geboten.

Am Ende bleiben die bekannten Fragen:

Wohin wird die Menschheit gehen?

Was erwartet den Menschen im biotechnologischen Zeitalter?

Wer wird das Mandat zum Eingriff am Ursprung der Lebensentstehung erteilen?

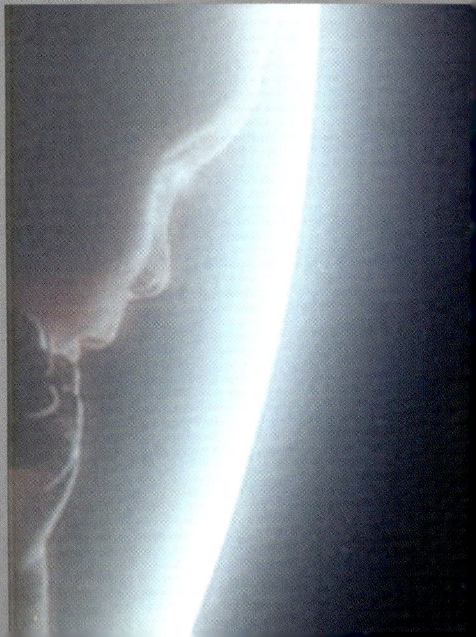

„Wenn wir einmal in der Lage sein werden, Einfluss darauf zu nehmen, ob unsere Nachkommen ein ganz bestimmtes Merkmal erben oder nicht – das kann Aggressivität sein, eine organische Eigenschaft oder irgendein Aspekt, der wertvoll eingeschätzt wird, ohne die Lebensfähigkeit des Kindes zu beeinflussen, werden wir in dieser Situation Entscheidungen treffen, die weit über unseren Horizont hinausgehen.“
Alan Trounson, Stammzellenforscher

Bildnachweis

Vorwort
Seite 4: Organon/A. Trounson, Seite 5: S. Kubrick „Space Odyssey: 2001"/Warner Brothers

Was sind Stammzellen?
Seite 6: Lennart Nilsson, Seite 7: ejw/archiv, Seite 8: ejw/archiv, Seite 9: ejw/AFP

Die Zelle: Grundelement des Lebens
Seite 10: Lennart Nilsson, Seite 11: ejw (Vorlagen: R. Hippéli), Seite 12: ejw (Vorlagen: R. Hippéli), ejw/archiv (Mendel), Seite 13: DHGP, Seite 14: DHGP, Seite 15: DHGP, Seite 16: ejw (vollständiger Chromosomensatz des Menschen), Seite 17: ejw, Seite 18/19: Lennart Nilsson, Seite 20/21: ejw (Vorlagen: R. Hippéli), Seite 22/23: Lennart Nilsson, Seite 25: Lennart Nilsson

2000 Jahre Embryologie
Seite 26: ejw/archiv, Seite 27: ejw/archiv, Seite 28: ejw/archiv, Seite 29: ejw/archiv, Seite 30: ejw/archiv, Seite 31: Lennart Nilsson

Blastozysten und Embryos
Seite 32: Lennart Nilsson, Seite 33: ejw (Vorlagen: R. Hippéli), Seite 34: Lennart Nilsson, Seite 35: Organon/A. Trounson, Seite 36: Lennart Nilsson, Seite 37: Lennart Nilsson, Seite 38: Lennart Nilsson, Seite 39: Lennart Nilsson

Stammzellenforschung
Seite 40: Y Verlinsky/Parthenon, Seite 41: Novartis, Seite 42: ejw/AFP, Seite 43: ejw/archiv (oben), Y Verlinsky/Parthenon (unten) 360, Seite 44: ependorf, Seite 44/45: Lennart Nilsson

Embryonale Stammzellen
Seite 46: Organon/A. Trounson, Seite 47: Organon/A. Trounson, Seite 48: NRC (Schema), Serono (Foto) Novartis, Seite 49: ejw/Organon/A. Trounson, Seite 51: ejw (Vorlage: Organon/A. Trounson), Seite 52: Organon/A. Trounson, Seite 53: Organon/A. Trounson

Adulte Stammzellen
Seite 54: Novartis, Seite 55: ejw/archiv, Seite 56: Novartis, Seite 57: ejw/NRC, Seite 58: Novartis, Seite 59: Organon/A. Trounson, Seite 60: Novartis, Seite 61: vita 34, Seite 62/63: vita 34

Zukunftsmusik: Therapie mit Stammzellen
Seite 64: Novartis, Seite 65: ejw, Seite 67: Novartis, Seite 67: Novartis, Seite 69: Novartis, Seite 70: Roslin Institute, Seite 71: Roslin Institute, Seite 72: Roslin Institute, Seite 73: Roslin Institute

Bioethik und Forscherdrang
Seite 74: ejw/archiv, Seite 76: ejw, Seite 78: ejw, Seite 79: ejw (rechts), Novartis, Seite 80: S. Kubrick „Space Odyssey: 2001"/Warner Brothers

Der Text „Stammzellforschung – warum wir sie brauchen!" basiert auf einem Kapitel in „Leben-Natur-Wissenschaft" von Detlev Ganten, Thomas Deichmann, Thilo Spahl, erschienen im Eichborn Verlag, Frankfurt, 2003, ISBN 3-8218-3981-3 mit Genehmigung des Verlages.

Für die kritische Durchsicht und Begutachtung des Manuskripts danken Verlag und Redaktion Herrn Prof. Dr. Claus Bartram, Lehrstuhl für Humangenetik an der Medizinischen Fakultät der Universität Heidelberg sowie Herrn Prof. Dr. Detlev Ganten, Wiss. Stiftungsvorstand des Max-Delbrück-Centrum für molekulare Medizin (MDC) in Berlin-Buch, Universitätsklinikum Benjamin Franklin der Freien Universität Berlin und Herrn Dr. Georg Kääb, Verband Deutscher Biologen und biowissenschaftlicher Fachgesellschaften (vdbiol) in München.

Konzeption:
Helmut und Ruth Lingen-Stiftung,
Stiftung zur Förderung der medizinischen Wissenschaft und Forschung, Köln

Text/Bildauswahl/Redaktion:
Dr. Eberhard J. Wormer

Fachlektorat: PD Dr. Gerd Kempermann

Layout/Satz: Johanna S. Gordon, München

Umschlag: Andrea Poss
Titelfoto: Lennart Nilsson

Gesamterstellung:
Lingen Verlag, Köln
und Druckhaus Uhl, Radolfzell
ISBN 3-937490-00-0